Holger Rust

Geist!

Holger Rust

Geist!

Die Kraft der klugen Köpfe in Management und Marketing

Bibliografische Information Der Deutschen Nationalbibliothek
Die Deutsche Nationalbibliothek verzeichnet diese Publikation in der
Deutschen Nationalbibliografie; detaillierte bibliografische Daten sind im Internet
über <http://dnb.d-nb.de> abrufbar.

1. Auflage Juni 2007

Alle Rechte vorbehalten
© Betriebswirtschaftlicher Verlag Dr. Th. Gabler | GWV Fachverlage GmbH,
Wiesbaden 2007

Lektorat: Ulrike M. Vetter

Der Gabler Verlag ist ein Unternehmen von Springer Science+Business Media.
www.gabler.de

Umschlaggestaltung: Nina Faber de.sign, Wiesbaden
Druck und buchbinderische Verarbeitung: Wilhelm & Adam, Heusenstamm
Gedruckt auf säurefreiem und chlorfrei gebleichtem Papier

ISBN 978-3-8349-0328-0

Inhalt

Einleitung

Pragmatische Metapher: Geist in Management und Marketing

Geist – das ist ein Wort für ganz besondere Gelegenheiten. Mit weihevoller Gebärde wird es aus dem Glanzpapier gepackt, wenn Lobreden auf Ausnahmepersönlichkeiten zu halten und Lebensleistungen zu würdigen sind. Geist erscheint in diesen Porträts als die Haltung eines intelligenten und gebildeten Menschen, der sich auf der Grundlage von Lebenserfahrung und Weltgewandtheit in den grammatischen und semantischen Finessen der Sprachspiele zur Realitätsbewältigung zu bewegen weiß, die hohe Kunst einer tiefgründigen Mitteilung beherrscht und gleichzeitig zuhören kann. Die Festgemeinschaft findet sich an elegante Diskurse in Caféhäusern und Salons erinnert, voll von Esprit und Dialektik, geistesgegenwärtiger Rhetorik und überraschenden Ideen. Zum Schluss erhebt der Laudator die gepriesene Person zum lebendigen Beispiel: Ihr gelte es nachzueifern. Doch im Auditorium denkt man insgeheim: Wenn's in der Wirklichkeit nur so wäre!

Als Best Practice für den Unternehmensalltag taugt der Geist dieser Art offensichtlich nicht so viel. Er scheint nicht marktgerecht, nicht linear und berechenbar genug, um den harten, schnellen Herausforderungen in Management und Marketing gerecht zu werden. Im Alltag wird der Geist vergessen, verdrängt, verleugnet gar, als rhetorische Übung von Intellektuellen abgetan, zeitraubendes Geschwätz, luxuriöse Haltung einer längst vergangenen Wirklichkeit. In der heutigen Zeit herrscht die kalt berechnende Intelligenz, die die Welt auf die Maßgaben ihrer unmittelbaren Ziele reduziert: Optimierung von Marktzugängen und Maximierung der Erträge, globaler Wettbewerb und Innovationswettlauf. In dieser Welt erscheint der Geist vor allem in seiner instrumentellen Form als „Mind", als ein planvoll kalkulierbares Produkt des „Brain", dessen sichtliche Regungen nun, einer sich selbst als neu und revolutionär deklarierenden Wissenschaft zufolge, der „Neuroökonomie", sogar gemessen und bildhaft dargestellt werden können.

Der Jubel ist so groß wie die Erwartungen: Das ist es, was wir brauchen! Charts, die zeigen, was im Kopf von Menschen passiert, wenn Werbeimpulse verabreicht werden! Eine wahre Begeisterungswelle hat die Protagonisten in Management und Marketing erfasst. Neuroökonomie wird sie, so die Hoffnung, endlich jenes Passepartout entdecken lassen, das die Pforten zu allen Konsumentengeistern öffnet. Das ist etwas anderes als die philosophischen Mutmaßungen über des Menschen Willen und Entscheidungslogik! Der Blick ins Hirn! Direkt in die Mechanik der Konsumentscheidung! Von dort in die Computer der Marketingabteilungen!

Doch es wird sich bald zeigen, dass diese Variation der Neuroökonomie, trotz ihrer faszinierenden Technik der Darstellung menschlicher Hirnaktivitäten, die Neurowissenschaften beschädigt, noch bevor sie ihr gesellschaftliches, kulturelles und damit auch wirtschaftswissenschaftliches Potenzial überhaupt entwickeln können. Die reduzierte Fassung, die „bildgebende Verfahren" schon als Belege für die universelle Logik des Kundenverhaltens zu halten, agiert kurzatmig, traditionell, konservativ, anekdotisch. Sie ist die Ausdrucksform einer hochgezüchteten „sektoralen Intelligenz", die nicht die Zusammenhänge sieht, wie sie sich in der Wirklichkeit darstellen, sondern die Zusammenhänge nach ihren Wirklichkeitsvorstellungen konstruiert, indem sie diese Wirklichkeit nur in Ausschnitten wahrnimmt. Die sektorale Intelligenz als Strukturprinzip in Management und Marketing führt den Geist gern in die Irre. Sie bietet in opportunistischer Bestätigung genau das, was erwartet wird, und verhindert damit den Fortschritt der Erkenntnis.

Die grundlegende Innovation der Hirnforschung gerät dabei völlig aus dem Blick: die Verknüpfung von Befunden aus sehr unterschiedlichen Wissenschaften (Soziologie, Psychologie, Wirtschafts- und Bildungswissenschaften wie Erwachsenenbildung und die pädagogischen Auseinandersetzungen mit betrieblichem Lernen) mit ganz unterschiedlichen Techniken, die zu einem erweiterten Verständnis menschlicher Kultur und damit auch der Wirtschaft beitragen könnte. Das ist, ganz nebenbei, nun einmal eine der wirklich faszinierenden Entwicklungen dieser Zeit: dass sich die Wissenschaften vom Menschen, mit ihnen die Wissenschaften vom Geist, unaufhaltsam einander nähern, aus verschiedenen Perspektiven dieselben Aktivitäten ihres Gegenstandes ins Auge fassen: Alltagshandeln – verstanden im kulturellen wie im wirtschaftlichen Sinne. Der soziologische Aspekt der Neurowissenschaften und der neurologische Blick auf den Gegenstandsbereich der Soziologie werden die Wissenschaften und die Praxis in der Tat revolutionieren. Doch diese Revolution wird eine ganz andere Gestalt haben, als die Träumereien über das durchschaute Konsumentengehirn erhoffen. Geist wird zu einer Produktivkraft, mit der die Wirklichkeit aus vielen verschiedenen Perspektiven begriffen werden kann. Dieses Buch wird diese interdisziplinären Perspektiven nachzeichnen und aus der soziologisch inspirierten Lesart der Mitteilungen aus den Labors der Neurowissenschaften einen neuen Blick auf alte Fragen werfen: Wie kann es gelingen, dass man mit der sich stetig verändernden Welt besser zurechtkommt?

Für viele Manager allerdings sind derartige Grenzüberschreitungen der Hirnforschung zur Soziologie und damit schließlich auch der Wirtschaftswissenschaften und der Philosophie nichts als nette Anekdoten im abschließenden Key-Note-Vortrag der nach dem immer alten Muster ablaufenden Managementkonferenzen. Für sie gilt die Dominanz der Zahlen, der sektoralen Intelligenz, der quasi-physikalischen Gesetze des Konsumentenhandelns. Dabei wird diese Haltung gar nicht bedroht. Es geht nicht um eine Alternative, sondern, wie sich zeigen wird, um eine Bereicherung.

Die reputierten Hirnforscher, die unabhängig von termingehetzter Auftragserfüllung und opportuner Verkäuflichkeit ihrer Befunde das Denken der Menschen und die Konstruktion des Geistes zu verstehen suchen, schütteln denn auch den Kopf und warnen vor solch kurzschlüssiger Instrumentalisierung ihres akademischen Gewerbes. Wolf Singer, Direktor am Max-Planck-Institut für Hirnforschung in Frankfurt am Main, formuliert es überraschend so: „Geist ist etwas Unfassbares, das sich zwischen Menschen ausspannt. Geist braucht Kommunikation, damit er sich entwickeln kann." Überraschend ist diese Formulierung deshalb, weil Singer gemeinhin für eine neurowissenschaftliche Haltung steht, die menschliche Freiheitsgrade eher auf die „Verschaltungen" im Kopf zurückführt und damit ihre rein biologische Grundlage betont. Die Diskussion um den „freien Willen" (den Singer abstreitet) ist weithin bekannt. Wenn aber selbst in den Argumenten dieser Theorie der soziologische Kontext für die Entstehung des Alltagshandelns angesprochen wird, muss mehr am „Geist" sein, als sich in den Bildern des funktionalen Magnetresonanz-Imaging (das sind die in Bilder übersetzten Messungen von Hirnaktivitäten im Computertomografen, auch kurz fMRI genannt) zeigen lässt.

Kommunikation also: Sie wäre, wenn man Singer so interpretieren darf, die naturgegebene Voraussetzung zum Verständnis der Welt. Sie könnte unternehmerische Sicherheit bieten, auch und vor allem dann, wenn sich alle systemischen Konzepte als trügerisch erwiesen haben. Dazu ist jede einzelne Person im Unternehmen notwendig. Denn jede einzelne Person im Unternehmen bietet eine Perspektive auf die Welt. Alle, von den Vorstandsmitgliedern bis zu den Auszubildenden, sind gleichzeitig Mitarbeiter im Unternehmen und Repräsentanten der Alltagskultur – in den verschiedensten Rollen: Väter, Mütter, Töchter, Söhne, Bewohner von unterschiedlichen Stadtteilen und kleineren Gemeinden. Sie alle fahren Autos, nutzen Zahnpasta, kaufen sich Möbel, sind also Konsumenten und Marktteilnehmer, mit dauerhafter und authentischer Alltagserfahrung. Sie alle sind individuelle Geister, zwischen denen sich auch die professionelle Kommunikation über strategische und operative Vorgehensweisen von Unternehmen entfaltet. In diesem Spannungsverhältnis zwischen individueller Alltagserfahrung und betrieblichem Engagement etabliert sich das lernende Unternehmen – in der Theorie.

In der Praxis, im Betriebsalltag, sind Hunderttausende von Mitarbeitern aus den intellektuellen Prozessen der Wertschöpfung verdrängt, reduziert auf die Erfüllung operativer Vorgaben, selten danach gefragt, was sie denken, was sie wissen. Ganze Areale des, um es metaphorisch auszudrücken, institutionellen Gehirns liegen unvernetzt nebeneinander. Würde man eine solche Metapher weiter verfolgen, wiese sie zwangsläufig eine Analogie zur Schädigung des menschlichen Hirns auf, die zu Autismus, Realitätsverlust oder anderen seltsamen Verhaltensweisen führt.

Aber ist eine solche Metapher legitim?

Für Wolf Singer schon. Und auch diese Aussage ist, vor dem oben bereits skizzierten Hintergrund, überraschend. Auf die Frage in einem Interview, ob man denn aus der Hirnforschung etwas für die Wirtschaft lernen könne, antwortete er: „Ja sicher, weil es (das Gehirn) der lebende Beweis für die Tragfähigkeit eines distributiv organisierten, sich selbst stabilisierenden Systems ist, das ohne Konzernchef auskommt. Kritisch ist hierbei die Auslegung der Interaktionsgeflechte. Im Gehirn hat die Evolution tragfähige, offenbar sehr effiziente Lösungen gefunden – und hierüber wissen wir noch nicht genug. Ein Unternehmen muss, genauso wie ein Gehirn, über ein zentrales Bewertungssystem verfügen, das in der Lage ist, die jeweiligen Systemzustände zu beurteilen. Diese Botschaft muss laufend an die Systemkomponenten rückvermittelt werden, um den Selbstorganisationsprozess zu befördern."

Diesem Gedanken lässt sich die Auffassung Gerald Hüthers, des Leiters der Abteilung für neurobiologische Grundlagenforschung an der Psychiatrischen Klinik der Universität Göttingen, zur Seite stellen: „Die funktionelle und strukturelle Organisation des menschlichen Gehirns", führt Hüther aus, „wird in weitaus stärkerem Maß als bisher angenommen von der Art seiner Nutzung bestimmt. Eigene Erfahrungen – und das sind beim Menschen immer in erster Linie in der Beziehung zu anderen Menschen gemachte Erfahrungen – haben einen entscheidenden Einfluss darauf, wie und wofür ein Mensch sein Gehirn benutzt, und damit auch nutzungs- und erfahrungsabhängig strukturiert. Die Gestaltung einer von Achtsamkeit und Wertschätzung getragenen Beziehungskultur ist daher angewandte Neurobiologie im besten Sinn."

Geist als Kommunikation, die sich zwischen den individuellen Geistern entfaltet, das ist die pragmatische Metapher, die diesem Buch sein Leitmotiv gibt. Dabei wird sich zeigen, dass die Tendenz des Geistes, routinierte Lösungen zu entwickeln, immer wieder – und mit großer Lust auch in der Wirtschaft – zu kurzatmigen Konzepten einer sektoralen Intelligenz führt. Zwischen diesen Polen bewegt sich die Innovationskultur. Die einen hoffen auf universelle physikalische Logik. Die anderen setzen auf den Geist und somit auf die Kraft, die aus der Kommunikation aller Beteiligten stammt.

1. Alte Probleme und neue Fragen

Dieses erste Kapitel entwickelt aus der These der Einleitung das Motiv des Buches und bietet eine Übersicht. Geist wird als das Ergebnis menschlicher Kommunikation verstanden, was zur logischen Folgerung führt, dass Management und Marketing umso geistvoller sein werden, je enger alle Handelnden in einem gewissermaßen neuronalen Netz kommunikativ miteinander verknüpft sind. Das erfordert Engagement und Motivation und den Verzicht auf Hierarchie. Doch man verlässt sich lieber auf Systeme und Strategiemodule und klare Zuständigkeiten. So entsteht eine eigentümliche sektorale Intelligenz, der dieses Buch in den Kapiteln 5 bis 7 nachspürt, nur gerichtet auf die vordergründigen und vordergründig messbaren Ziele des Unternehmens. Sie basiert offensichtlich auch auf einem emotionalen Zustand der unausgesetzten Ängstlichkeit angesichts des vermuteten Chaos in der Unternehmensumwelt, das immer noch nicht bewältigt ist. Dieser Bewältigung glaubt man jetzt aber plötzlich einen gewaltigen Schritt näher zu sein und gleichzeitig auch noch den Geist bezwungen zu haben: Die Aufmerksamkeit richtet sich auf die Hirnforschung und die in ihr als Teildisziplin angesiedelte Neuroökonomie. Doch sind alle Versuche, den Geist als messbare und verwertbare Größe zu domestizieren und auf das zu reduzieren, was in den Bildern von Hirnaktivitäten bunt eingefärbt als Reaktion erscheint, überinterpretierte Fortführungen alter vordergründiger Managementfantasien von der absoluten Kontrollierbarkeit des Marktes.

Irritierte Absolventen:
Das Ende von Geist und Bildung?

Wenn Geist das Ergebnis menschlicher Kommunikation und mithin die These richtig ist, dass eine möglichst lebhafte Kommunikation die geistigen Potenziale von Menschen steigert und durch diese Steigerung der Potenziale wiederum der Geist anderer angeregt wird, dann gewinnt auch die Frage nach dem pragmatischen Wert dieser Erkenntnisse ihre Bedeutung: Was folgt daraus für Management und Marketing? Und: Liegt nicht in der vorschnellen Vereinnahmung einer rein nutzwertorientierten Neuroökonomie die Gefahr, reiche Befunde der weit gespannten Neurowissenschaften über die Aktivierung des Geistes aus dem Blickfeld zu verdrängen? So wie der Geist, der ehemals die Tugend der weit gespannten Ansichten war – Rede und Gegenrede, Sammlung von Argumenten und Gegenargumenten – der Business-Intelligence zum Oper fiel, könnte nun das Opfer eine neue biologisch fundierte „Geistes-Wissenschaft" sein, weil sie zu einem schnöden Werkzeug degradiert wird, ehe man ihre Potenziale überhaupt zur Kenntnis nimmt. Die Sehnsucht nach universellen Gesetzen drängt die zaghaften Ansätze in den Hintergrund, die sich auf die oft nur floskelhafte Beschwörung der wichtigsten Ressourcen im Unternehmen gründeten: die „Köpfe der Menschen". Doch in dem Maße, in dem die neuen Wissenschaften mit ihren bildgebenden Verfahren in die Köpfe vordringen, könnte sich die Begeisterung für den unermesslichen Geist, so wie Singer ihn beschreibt, und die Beziehungskultur, wie Hüther sie anmahnt, schnell wieder legen.

Die Befürchtung, dass genau das geschieht, ist begründet.

Ein Ausgangspunkt dieses Buches bestand darin, diesen seltsamen Widerspruch zu enträtseln, der immer entsteht, wenn junge Geister mit hervorragender und differenzierter Bildung ihre ersten Positionen in Unternehmen antreten, um die Welt aus den Angeln zu stemmen, zunächst aber einmal auf die herrschenden Praktiken des Denkens, auf geschriebene Regeln, ungeschriebene Gesetze eingeschworen und in der Corporate Language der offiziellen Kommunikation geschult werden. Wenn man sich die Erfahrungsberichte junger, engagierter Absolventinnen und Absolventen anhört, die noch nicht an den entscheidenden Positionen stehen, aber doch ihre kreative Kraft zur Steigerung des innovativen Geistes im Unternehmen einsetzen wollen, kann man sich nur wundern.

Die meisten meiner Absolventinnen und Absolventen berichten nach ihren ersten Erfahrungen mit der Wirklichkeit, dass sie mit Hilfe von Kennzahlsystemen in ihrer Anpassungsentwicklung gemessen werden, dass sie traditionell Routinen abzuarbeiten haben, vor allem dann, wenn sie noch auf der Hierarchieebene des mittleren Managements arbeiten. Sie fragen sich, wozu denn nun das Studium generale, wozu die Beschäftigung mit den schönen Künsten des Denkens gut gewesen sein soll. Wozu haben wir, fragen sie, Paul Romer und seine „New Growth Theory" lesen müssen, diese neue Aufsehen erregende Theorie, dass Ideen der Rohstoff der 21st Century-Economy sind und dass Ideen nur in der großflächigen Kommunikation aller Beteiligter entstehen? Wozu haben wir die harten Statistiken der Emotions- und Kognitionspsychologie studiert, wozu die soziologischen Habitus-Theorien, wenn wir nun unsere Aufgaben von Führungskräften diktiert bekommen, die fest in der Tradition der neoklassischen Wirtschaftswissenschaft an den rational handelnden und berechenbaren Homo oeconomicus glauben?

Geist? Ein sich in der Kommunikation entfaltender Entwurf des unternehmerischen Handelns?

Verlangen tun es alle noch immer, Vorstände, Personalverantwortliche, Headhunter und Karriereberater. Sie alle fordern in diesen eleganten Reden über den Wert der Bildung Geist. Nur selten aber kommt offensichtlich eine Vorgesetzte oder ein Vorgesetzter auf den Gedanken, diese Frische, das andersartige Denken, das zukunftsstürmende Engagement auch wirklich auszunutzen und den Geist des Unternehmens neuen Impulsen auszusetzen. Dieser

Widerspruch wird umso spürbarer, als ja in den letzten Jahren vor allem Beratungsunternehmen dazu übergegangen sind, Absolventen aller Fachdisziplinen zu rekrutieren, darunter auch und zunehmend selbstverständlich Geisteswissenschaftler. Aber offenbar steht dabei nicht die andere Art des Denkens im Vordergrund, die Möglichkeit der innerbetrieblichen Konfrontation von Geistern, sondern die Nutzung jener Potenziale, die als „Schlüsselqualifikationen" bezeichnet werden. Den Rest der Business-Intelligence bringt man ihnen dann sehr schnell bei. Schon bei den Diplomanden, die in einem Unternehmen ihre Abschlussarbeit schreiben, lässt sich das beobachten. Sie werden nicht nur oft als wohlfeile Hilfsarbeitskräfte eingesetzt, was ja noch zu verstehen ist. Sie werden aber unverständlicherweise auch nicht als altera pars gehört – als Leute, die von außen kommen, die anders denken könnten.

Ich habe immer gedacht, es sei für die Vorstände, die Verantwortlichen, die in den Tagesgeschäften befangenen mittleren Managerinnen und Manager einer der besten Wege, den zusehends auf operative Erfordernisse verengten Geist im Kontakt und im Gespräch mit diesem revolutionären Nachwuchs auszulüften, diese Jugendlichkeit als Provokation und Impuls zu begreifen. Aber das geschah selten in all diesen Jahren, und seit einigen Jahren geschieht es kaum noch – im Gegenteil: Wir spüren in den Gesprächen mit Studierenden immer deutlicher eine Anpassungsbereitschaft an die kaum noch bezweifelten Normen und Systeme derer, die über Posten und Positionen entscheiden.

Viele von denen, die nun bereits seit Jahren in verantwortlichen Positionen sind, haben sich angepasst. Sie mussten es tun, das war klar. Mit einem kaum verhohlenen Stolz berichten aber auch viele der Absolventinnen und Absolventen, dass sie sich nun in einer anderen Welt bewähren müssen, und je höher sie auf den Karrieretreppen steigen, desto abhängiger sind sie von berechenbaren Erträgen, die sie in ihren Geschäftsbereichen zu erwirtschaften haben. In diesem Getriebe reicht die Zeit nicht mehr aus, sich „mit anderen Dingen zu beschäftigen".

Die Anforderungen in einem Unternehmen sind härter, als man sie in den revolutionären Utopien entwirft. Doch die Utopien, die viele von ihnen als Anwärter auf die Führungspositionen verwirklicht haben (oder dabei sind zu verwirklichen), sind private Utopien: Leben in „angesagten" Szenevierteln, in denen sie vor allem auf ihresgleichen treffen. Geistige Impulse sind oft nur noch hochklassige kulturelle Konsumgüter. Sie haben kaum noch eine Berührung mit der Welt derer, die ihre Märkte darstellen (oder die Märkte ihrer Kunden). Auch die Kontakte mit den Mitarbeiterinnen und Mitarbeitern, die näher als sie an dieser Realität leben, versiegen zunehmend in der Alltagsroutine der strategischen und operativen Notwendigkeiten und in der Aufwärtsbewegung ihrer Karrieren.

Aber wenn wir uns dann noch einmal treffen, am Rande von Kongressen oder auch einfach nur durch Zufall, schwingt immer noch die alte Sehnsucht mit, die Wirklichkeit aufzufrischen und die Konzepte zu durchlüften, etwas zu wagen, das sich nicht berechnen lässt, einzutauchen in diese Wirklichkeit „da draußen", ihre soziologischen Kompetenzen umzusetzen, Veränderungen am Ort ihres Entstehens aufzuspüren, ihnen vorauszueilen, das Unternehmen wie ein großes Feldexperiment zu begreifen, in dem sich die Welt gestaltet.

Doch oft genug enden die Gespräche in einer gewissen Resignation darüber, dass all diese schöne geistige Arbeit, die man während des Studiums absolvierte, der ständige Perspektivenwechsel, die Diskurse, Diskussionen und Debatten, nur eine kleine Episode der Biografie blieben.

Auch viele von ihren Vorgesetzten haben revolutionär begonnen, wollten die Welt neu gestalten, aber die Welt gestaltete sie. Sie wurden durch die Albträume der immer schneller in sich selbst kreiselnden Komplexitäten dieser Welt da draußen getrieben, in denen eine Lösung in Wochen obsolet werden kann. Also mussten sie nach anderen Lösungen suchen, immer schneller, um Handlungssicherheit zu begründen. Je komplexer sich die Herausforderungen der so genannten Unternehmensumwelt an die Reaktionen des Unternehmens darstellten, desto eifriger galt die Bemühung dem Versuch, übersichtliche Systeme zu finden, nach denen alle immer arbeiten können. Doch die Welt ist so unübersichtlich geworden, weil sie so geworden ist, wie wir sie gestaltet haben, ohne das Ergebnis unplanbarer globaler Komplexität anzustreben. Einer meiner Absolventen, die neben den Wirtschaftswissenschaften auch andere Studienfächer belegt hatten, dieser, motiviert durch das fundierende Angebot eines Studium generale, Philosophie, zitierte einen geradezu resignativen Satz aus dem Buch „Doubt and Certainty in Science: A Biologist's Reflections on the Brain", 1951 vom Zoologen und Neurophysiologen John Zachery Young geschrieben: „We create tools and then we mould ourselves through our use of them." Wir werden im Geiste so, wie die Werkzeuge, die wir selbst erschaffen haben, es uns vorschreiben.

So entsteht jene eigentümliche sektorale Intelligenz, der dieses Buch in den Kapiteln 5 bis 7 nachspürt, nur gerichtet auf die vordergründigen und vordergründig messbaren Ziele des Unternehmens. Diese sektorale Intelligenz erfindet sich stetig neu und erschafft in diesem Akt der in sich selber kreisenden Bestätigung auch eine Umwelt, in der sie als Maß aller Dinge gilt. Sie entspricht zwar einer Arbeitsweise des menschlichen Geistes, ist aber nicht zwangsläufig. Sie basiert offensichtlich auch auf einem emotionalen Zustand der unausgesetzten Ängstlichkeit angesichts des Chaos, das immer noch nicht bewältigt ist. Dabei wäre es, wie spätere Kapitel zeigen, nicht sehr schwer, einfach zu beginnen, zumal kein Konzept zur Entfaltung des Geistes in irgendeinem Kontrast zu den Notwendigkeiten der strategischen und operativen Notwendigkeiten steht.

Aktuelle Konfrontation: Hirnaktivität statt Geist?

Das Chaos zu bewältigen – das war schon einmal Gegenstand einer öffentlich umjubelten Forschungsrichtung, der Chaosforschung, und nährte Blütenträume von tiefer Einsicht in die berechenbare Logik der Welt. Diese euphorische Hoffnung wühlte die Geister auf, als Mitchell Feigenbaum und Benoit Mandelbrot in den 70er Jahren entdeckten, dass jenseits der Grenze zum Chaos eine Ordnung herrsche. Unausweichlich geschah, was immer geschieht, wenn in den Naturwissenschaften der Ansatz einer Lösung sichtbar wird – sei es auch nur die vage Möglichkeit einer Lösung: Alle erdenklichen Berater, Gurus und Coaches machten sich geradezu in Sekundenschnelle über die Chaosforschung her, um Managementkonzepte daraus zu entwickeln. Diese Hoffnung, endlich in einer in sich logischen, gleichzeitig einfachen, zudem materialistischen, geradezu physikalischen Weise die Welt zu erklären (was für die Wirtschaft offensichtlich in zunehmendem Maße heißt herauszukriegen, warum Kunden kaufen), vertiefte sich, als mit der sensationellen Kartierung des menschlichen Genoms die Genforschung modisch wurde. Plötzlich wurde alles, was Menschen tun, evolutionsbiologisch erklärt. Die Hoffnung aber mästete sich geradezu, als wiederum pünktlich zum neuen Jahrtausend die ersten Befunde der wissenschaftlichen Bemühungen der Hirnforschung in die Öffentlichkeit gerieten. Da wurden allerlei verstreute Ergebnisse von Neurophysiologie, Neuropsychologie, Neuroinformatik und Neurolinguistik und bildgebender Technik zu einem wilden Sammelsurium angewandter Managementtheorien verquirlt.

Und da sind wir nun.

Die Presse schreibt und druckt die Bilder vom Gehirn. Der Schauder der Erkenntnis verbreitet sich im Publikum wie in einem Kirmes-Panoptikum der 50er Jahre. Die seriösen Neurowissenschaftler können so oft betonen, wie sie wollen, dass man eigentlich erst ganz am Anfang stehe. Es nützt nichts. Das System hat sich verselbständigt. Überall, wo „Gehirn" draufsteht, wird Sensationelles vermutet. Die Tournee einer amerikanischen Neurobiologin, die marktgerecht „Das weibliche Gehirn" erklärt, war in den ersten Tagen des Jahres 2007 ein Dauerthema der Tageszeitungen und Illustrierten. Täglich werden irgendwelche „neuesten Erkenntnisse der Hirnforschung" in die offensichtlich faszinierte Öffentlichkeit lanciert. Auch in Management und Marktforschung bringt das Thema die Neuronen in Wallung. Die Sehnsucht danach ist übermächtig, den Kunden endlich verstehen und maßgerecht motivieren zu können, eine Art Automatismus zu entdecken, nach dem dieses Werk da draußen schnurrt, das man „Markt" nennt und bislang trotz aller Marktforschung nicht so recht im Griff hatte. Wenn man bald wissen wird, was sich im Kopf der Marktteilnehmer abspielt, wie auch der Mensch überhaupt „tickt", wird alles ganz einfach. Nicht nur im Marketing, das zum Neuro-Marketing avanciert. Schon träumen Personalverantwortliche nicht mehr nur von Genom-Analysen, sondern auch von Vermessungen der geistigen Kapazitäten, arrangieren in ihren Fantasien als Ergebnisse der Bilder aus dem funktionalen Magnetresonanz-Imaging ihre Teams. Noch ist der Begriff nicht auf dem Markt. Ich wette aber, dass man sehr bald schon vom Neuro-Recruiting hören wird.

Die Studierenden, die ich in diesen Jahren zu betreuen hatte und die verantwortliche Positionen in Wirtschaft, Bildung, Kultur und Gesellschaft anstrebten, waren (und sind) nicht minder elektrisiert und wollten es genauer wissen. Immerhin berührt diese aufstrebende – das heißt der Öffentlichkeit zusehends bekanntere – Disziplin viele der Gewissheiten in den Wirtschafts- und Sozialwissenschaften, der Psychologie und der Pädagogik, die sich mit der Bildung und Weiterbildung von Kindern, Jugendlichen und Erwachsenen beschäftigt und damit natürlich auch mit der Entstehung und dem Management von Wissen und den Strategien des Marketings. Hirnforscher haben zudem trotz ihrer völlig anderen Perspektive auf die Welt unmissverständlich auf einen soziologischen Aspekt ihrer Arbeit verwiesen, so wie die Neuroökonomie sich auf die klassischen Felder der Wirtschaftswissenschaften begibt und in ihrer seriöseren Variante Einblick in mentale Prozesse beim Ablauf der wirtschaftlichen Aktivitäten bietet. Vor allem auf finanzwissenschaftlichem Gebiet sind dabei interessante Befunde erarbeitet worden, wie sich zu Beginn des 4. Kapitels zeigen wird. Dieses interdisziplinäre Entsprechungsgefüge eröffnet sich aber nur dann, wenn man (und sei es nur für die kurze Frist eines Workshops) die nutzwertorientierte Perspektive der sektoralen Intelligenz verlässt, wenn man einmal nicht danach fragt, wie sich die Hirnforschung für Management und Marketing anwenden lässt, sondern danach, welche Einsichten über den Geist des Menschen generell erarbeitet worden sind.

Eine Revolution hat nicht stattgefunden. Was diese neuen „Geistes"-Wissenschaften zutage fördern, lässt sich auf erstaunliche Weise in die Erkenntnisse einfügen, die die Sozialwissenschaften und soziologisch inspirierten Wirtschaftswissenschaften mit ihren ausgeklügelten empirischen Methoden zur systematischen Beobachtung des menschlichen Verhaltens in vielen Jahrzehnten erarbeitet haben. Bei näherem Nachdenken ist das alles auch kaum verwunderlich, denn das menschliche Gehirn ist ja schließlich die Instanz, die das soziale und kulturelle Verhalten von Menschen gleichzeitig steuert und von den Ergebnissen dieser Steuerung abhängig ist. Die Gehirntätigkeit, die menschliche Handlungen irgendwie hervorbringt, ist ohne Kommunikation mit anderen Menschen gar nicht denkbar. Da unterschiedliche Wissenschaften sich auf unterschiedliche Weise mit identischen Problemen beschäftigen, finden sich oft sogar identische Vokabeln. In der Pädagogik wie in der Wirtschaft sprechen Analytiker von „Humankapital" und „Humanvermögen", sie propagieren „soziales Lernen", „emotionale Intelligenz", „Empathie". All diese tollen Dinge – so versprechen Trainer, Coaches, Gurus – können auf hunderterlei Weise gelernt werden. Das Angebot an einschlägigen Seminaren sprengt auch in diesen ersten Jahren des neuen Jahrtausends alle Grenzen der Fantasie (und gelegentlich überschreiten sie auch die Grenze zum Wahnsinn).

Auch dazu will ich weiter unten ein paar Worte verlieren.

Das Versprechen, immer wieder, und unausgesetzt seit Jahrzehnten, lautet ja: Manager können „lernen". Lernen wird dabei in einem sehr vordergründigen Sinn verwendet: als Erwerb unmittelbar nützlicher Handgriffe, Regeln, Modelle, Rezepte: Tools. Dem steht das Lernkonzept des „problemöffnenden" Geistes (Hüther) gegenüber, der aus der kontinuierlichen Sensibilität für die Welt in gemeinschaftlicher Kommunikation ein intellektuelles Sicherheitssystem schafft. Dieser Geist ist letztlich von sehr viel größerem Nutzen, weil er wesentlich besser mit Komplexität umgehen kann als ein Lernmodul aus der Werkzeugkiste der Management-Seminaristen. Verschiedene klassische Forschungsbefunde stützten diese soziologische Perspektive, die sich letztlich in der These zusammenfassen lässt, dass die Reaktionsmöglichkeit eines Menschen umso größer ist, je mehr äußere Provokationen seinen Geist erreichen. Auch aus der Naturwissenschaft: Der Chemiker Ilya Prigogine (der 1977 den Nobelpreis für seine Theorie der Nichtgleichgewichtsthermodynamik erhielt) legte die Fundamente für diese Einsicht. In der Natur dominieren offene Systeme, die sehr stark von äußeren Impulsen abhängig sind und bei Überlastung durch äußere Impulse schnell mal ins Chaos abdriften. Der Geist ist allerdings in der Lage, der ständigen Bedrohung des Gleichgewichts durch kreative Lösungen entgegenzuwirken. Das heißt, dass ein Mensch, eine Gruppe, ein Unternehmen umso besser auf unabsehbare äußere Impulse reagieren kann, je offener sie ihre Kommunikation gestalten. „Dissipative Strukturen" nannte Prigogine diese Strategie.

Sektorale Intelligenz: Marktverständnis aus dem Scanner?

„Geist" ist also seit einiger Zeit auch für die Wirtschaft durchaus ein Thema, allerdings in einer irritierenden Verkürzung auf Hirnaktivitäten, die durch bildgebende Verfahren aus neuroökonomischen Einzelexperimenten das menschliche Handeln auf bloße Reiz-Reaktionsprozesse reduziert. Die Idee, die diese Faszination dieser verkürzten Sicht befördert, ist so alt wie trivial: Man müsse nur die richtigen Impulse liefern, und schon leite das Gehirn den Menschen wunschgemäß zum Point of Sale. Nach solchen Impulsen wird nun weltweit gefahndet. Schon bieten sich einschlägige Beratungsdienstleister an und spinnen, als hätten sie ein Leben lang nichts anderes getan, von der „Amygdala" und dem „dorsolateralen präfrontalen Cortex", vom „limbischen System" oder dem „Reptiliengehirn" herum, wo Markenpräferenzen oder Colagetränke ungestüme Reaktionen verursachen. Dazu reichen sie Power-Points mit den gelb und rot eingefärbten Hirnregionen. Später wird sich zeigen, dass für das Marketing bislang nicht ein einziges wirklich neues Ergebnis zutage gefördert worden ist – aber diese Bilder! Bilder aus den Tiefen des geheimnisvollen Kundenhirns! Welch ein emotional aufrührender Schauer! Und dann die Begriffe: Mind-Managament, Neuromarketing, Brain Scripts und Brain Maps! Verdächtig schnell entsteht der Eindruck, als brauche man nur diese Beratungsdienstleistungen einzukaufen, und schon habe man den Kunden im Griff. So legt sich eine „sektorale Intelligenz" mit sehr eingeschränkten Zielen ihr Weltverständnis mit Hilfe von Berechnungen der Marketingabteilungen und Bildern aus dem Kopf zurecht.

Aber das alles da draußen ist keine elektrische Eisenbahn, die man von einem Schaltpult aus steuern könnte, sondern ein lebendiger, historisch gewachsener Zusammenhang, der auf Veränderungen immer unberechenbar reagiert, zusammengesetzt aus Millionen individueller Geister. Und so wird man, glaubt man seriösen Hirnforschern, die unbeeinflusst von kommerziellen Verwertungsinteressen ihrer Arbeit nachgehen, sich vor solch schnellen Schlüssen hüten müssen. Noch wissen wir nichts, sagen sie. Diese vordergründigen Zirkelschlüsse seien nicht belegbar, denn das menschliche Gehirn ist mehr als eine physiologische Reiz-Reaktionsmaschinerie – es ist ein Produkt, das sowohl biologisch als auch kulturell verstanden werden muss. Diese Zusammenhänge geraten nur dann in ihrer vollen Bedeutung ins Blickfeld, wenn man die evolutionswissenschaftliche Forschung, die Psychologie, die Linguistik und Soziologie einbezieht. Denn der Mensch ist ein Wesen, das nur in der symbiotischen Entwicklung mit anderen Menschen in einer Kultur überlebt und folglich in dieser Kultur auch seinen Geist ausbildet, als die kreative Gestaltung seiner Beziehungen zu anderen und somit auch: den Markt.

Dies zu begreifen – das wird sich in den Kapiteln 8, 9 und 10 sehr deutlich zeigen –, erfordert eine vielfältige und offene geistige Auseinandersetzung mit der Wirklichkeit. Einzelne Personen in Computertomografen zu stecken und zu sehen, was ihre Köpfe produzieren, während man sie bestimmten Impulsen aussetzt, sagt nichts über die kommunikativen Voraussetzungen und Konsequenzen aus, die den Aktivitäten im Hirn zugrunde liegen, und damit auch nichts – um zum trivialen Part der Neuroökonomie zurückzukommen – über die Entwicklung von Markenpräferenzen.

Gemach, rufen die Pioniere des Neuromarketings: Bald werden wir mehrere auf einmal in die Röhren stecken können! In Zusammenarbeit mit Neurowissenschaftlern habe er, schreibt Colin F. Camerer, Professor am California Institute of Technology, ein „Hyperscan-Consortium" gegründet, um Bilder von mehr als einer Person zur selben Zeit zu produzieren. Donnerwetter! „This is a breakthrough because many aspects of social behavior are not easily understood by looking at just one brain."

Wusste man das nicht schon?

Und wussten sie es nicht?

Aber sicher.

Schaut man nach, findet man in der wissenschaftlichen Literatur von Camerer und Kollegen tatsächlich eine wahrhaft breite Auseinandersetzung mit den sozialpsychologischen Befunden und

Einsichten in die Welt des wirtschaftlichen Verhaltens, die in den letzten Jahrzehnten höchst produktiv war. Immerhin haben ja viele der heutigen Protagonisten des Brain-Imagings über diese Jahrzehnte hinweg erfolgreich als Sozialpsychologen gearbeitet. In der pragmatischen Version aber herrscht der Eindruck vor, hier werde etwas völlig Neues betrieben, was die Wirtschaftswissenschaften revolutioniere.

Um die wahre Reichweite derartiger „Revolutionen" zu veranschaulichen, verwickle ich meine Studenten gelegentlich in ein Gedankenexperiment: Ich schlage ihnen vor, die Wissenschaftsgeschichte einmal neu zu schreiben. In dieser neuen Geschichte ist die Hirnforschung mit ihren bildgebenden Verfahren uralt. Doch immer wieder scheitert die praktische Umsetzung in Management- und Marketingentscheidungen daran, dass das Leben unter der Detektorenperücke oder in der Scanner-Röhre eben kein wirkliches Leben ist. So bleiben viele Fragen offen, vor allem die nach den Gründen für unerwartetes Verhalten von Menschen. An diesem Punkt käme nun in dieser umgedrehten Wissenschaftsgeschichte eine neue Disziplin daher, die Methoden entwickelt hat, um die Wirklichkeit in der Wirklichkeit zu beobachten. Sie nennt sich: Soziologie. Ihr großer Beitrag zur Erläuterung dessen, was sich in den neuronalen Verbindungen im Kopf abspielt, besteht in der realistischen Bebilderung der Hirnaktivitäten mit Hilfe der dazugehörigen menschlichen Handlungen im Alltag. Plötzlich sieht man, wie sich in der Wirklichkeit Milieus formieren, wie Menschen Entscheidungen für bestimmte Autos treffen, darauf abgestimmte Duftwässer benutzen, kommunizieren, eine Kultur erschaffen. Der Begriff des „Habitus" wird erfunden.

Eine Revolution!

Nun ja: Die Sache ist umgekehrt gelaufen, was aber die Logik nicht umdreht. Wirklichkeit und Gehirn sind integrierte Bestandteile eines vielfältigen Universums, dessen einer ebenso Voraussetzung wie Konsequenz des jeweils anderen ist. Das ist sogar das wichtige Ergebnis der berühmten Coke-Experimente, die den texanischen Neurobiologen Read Montague berühmt gemacht haben. In Kapitel 4 will ich darauf noch näher eingehen. Hier nur kurz so viel: Ohne kulturelle Vorprägung spielt sich im Kopf überhaupt nichts ab. Das würde sehr schnell ein Versuch mit dem Marken-Logo eines Bauteils für Hochleistungskompressoren zeigen, die niemand kennt. Das wird das Kernergebnis dieser Abhandlung sein: Alles deutet darauf hin, dass es viel wichtiger ist, in offener Kommunikation die Welt zu begreifen. Die Bilder aus dem Scanner sind nichts als Repräsentationen dessen, was Menschen in ihrem Alltag tun. Logischerweise lassen sich die Charts erst interpretieren, wenn man weiß, in welchem Zusammenhang die Menschen leben, die hier auf ihre Hirnaktivitäten reduziert sind. Der Geist, der notwendig ist, um die Interpretation zu leisten, entsteht aus der Vernetzung aller individuellen Geister und damit ihrer jeweiligen Alltagserfahrung.

Was wir finden ist also durchwegs dieselbe Strategie: Modellierung nach dem Muster der beruflichen Anforderungen. Die so entstehenden Modelle besitzen durchaus eine Plausibilität, aber eben nur im Bezugsrahmen ihrer eigenen Prämissen. Und eine dieser Prämissen ist eben die Überzeugung, dass es klare Kausalitäten gibt, etwa die zwischen der Beobachtung von Hirnaktivitäten und Konsumverhalten im Alltag.

Die gibt es, unzweifelhaft. Das muss an dieser Stelle noch einmal kräftig unterstrichen werden, damit kein Missverständnis entsteht. Aus einem solchen Zusammenhang aber eine Wirkungskette zu konstruieren, die der Wirtschaft eine Art Roadmap zur Führung des Konsumenten in die Hand lege, ist reiner Unsinn. Diese Art der Übertragung erinnert an archaische Beschwörungsrituale. Sie kleiden sich nun in die Form von plausiblen Business-Modellen, sind aber nichts anderes als die Versuche, mit der Unsicherheit umzugehen, wie es immer schon des Menschen Art und Schicksal war. Die systematisierende Intelligenz, die entwickelt wurde, als es galt, sich mit Säbelzahntigern, unverstandenen Naturphänomenen und grundsätzlich empfindlichen Götter-Elyseen herumzuschlagen, versucht nun mit der virtuellen Umwelt von Aktienkursen und Finanzderivaten, Warentermingeschäften und Währungsdynamiken in einer unüberschaubaren Zahl an Schauplätzen umzugehen und gleichzeitig noch mit der Globalisierung fertig zu werden. Es ist die Dokumentation einer höchst erstaunlichen Lernfähigkeit des Geistes, dass diese Abstracta überhaupt halbwegs bewältigt werden können – die Leistung der sektoralen Intelligenz und ihrer Sonderform der Business-Intelligence.

Statt kommunikativer Bewältigung der unerwarteten und unplanmäßigen Herausforderungen waltet der Standard der Konzepte, die meist auf sehr oberflächlicher Plausibilität aufbauen. Es wird sich zeigen, dass beide Seiten, Führung wie Mitarbeiter, eigentlich eine andere Kultur wünschen. Aber der Weg ist mental verbaut. Gerald Hüther spitzt auf Grund dieser Beobachtung seine oben zitierte Bemerkung noch einmal zu: „Es gibt genügend Beispiele, wo wir den größten Blödsinn machen, aber das Hirn hat etwas zu tun und weiß, worauf es ankommt. Damit geht die Unordnung weg und wird zugunsten eines handlungsleitenden Musters abgestellt. Das, was Sie in einer solchen Situation machen, ist auch ein bisschen emotional. Das wird dann auch ins Hirn eingebrannt, gebahnt und gefestigt."

2. Komplexe Arbeit des Geistes

Geist als messbare und verwertbare Größe zu domestizieren und auf das zu reduzieren, was in den Bildern von Hirnaktivitäten bunt eingefärbt als Reaktion erscheint, ist eher Wunschdenken als wissenschaftlich bewiesene Tatsache. Schon die Frage nach dem Ertrag für Management und Marketing ist falsch gestellt. Die zentralen Forschungsinteressen der Neurowissenschaften, damit auch der Hirnforschung und ihrer Vermessung von Aktivitäten mit Hilfe der komplizierten Scanner-Apparaturen, zielen auf Fragen der Medizin und der Vorbedingungen des menschlichen Lernens. Eine historische und an vielen Teildisziplinen der Neurowissenschaften ansetzende Übersicht festigt den Befund, dass das menschliche Gehirn sich in der Wechselwirkung mit der Alltagskultur entwickelt und sie prägt. Das ist nicht weiter erstaunlich, da ja das Gehirn nun einmal eine evolutionäre Errungenschaft eines in dieser Welt lebenden Wesens ist, das ständig Lösungen finden muss, um den Überraschungen der äußeren Natur ein paar pfiffige Reaktionsmöglichkeiten entgegenzuhalten Ob die Plausibilität solcher Lösungen mit naturwissenschaftlicher Logik haltbar ist, bleibt zweitrangig. Wichtiger ist, dass sie funktioniert. So entstehen allerlei Modelle, die nur eben dies bezwecken sollen: zu funktionieren. Auf diese Weise entsteht schließlich eine Art sektoraler Intelligenz, allein auf Zweckerfüllung gerichtet. Auch in der Wirtschaft. Leider verändert sich die Umwelt und die Modelle überleben sich. Doch der Mangel an offener Kommunikation behindert ihre Revision.

Helle Köpfe:
Faszinierende Fragen der Neurowissenschaften

Der Ausgangspunkt der neurowissenschaftlichen Grundlagenforschung hat zunächst einmal überhaupt nichts mit kommerziellen Nutzwertaspekten zu tun. Neuroökonomie und Neuromarketing sind nicht mehr als aus dem Nichts aufgetauchte Erben, deren Ansprüche erst noch zu klären sind. Die zentralen Forschungsinteressen der Neurowissenschaften, damit auch der Hirnforschung und ihrer Vermessung von Aktivitäten mit Hilfe der komplizierten Scanner-Apparaturen, zielen auf Fragen der Medizin und der Vorbedingungen des menschlichen Lernens. Die Kernfragen lauten: Was geschieht im Kopf des Menschen, wenn er denkt? Was geschieht, wenn Innovationen stattfinden, wenn aus simplen Einzelheiten in komplizierter Grammatik hochdifferenzierte Systeme zusammengebaut werden (Literatur, Maschinen, Zukunftsideen, Managementkonzepte, Entscheidungen auf Finanzmärkten oder Präferenzen für bestimmte Getränke)? Was geschieht andererseits, wenn Menschen diese unfassbare komplexe Maschinerie in ihren Köpfen benutzen, um sich zum Beispiel durch Aberglaube, Esoterik, Zirkelschlüsse und falsche Kausalitäten über die Tatsache hinwegzumogeln, dass sie schlicht nicht verstehen, was in der Umwelt vor sich geht? Oder ist es dasselbe wie in den genannten Konzepten der verstandesmäßigen Weltbewältigung? Was geschieht, wenn bestimmte Hirnregionen gestört oder zerstört sind? Wie entstehen geistige Krankheiten, degenerative geistige Prozesse wie Alzheimer, Epilepsie, Schizophrenie oder Autismus? Wie entsteht das Gedächtnis? Wie sortieren sich die Neuronen im Gehirn so, dass am Ende etwas Sinnvolles produziert wird – mit anderen Worten und dem Fachbegriff ausgedrückt: Wie entstehen und unter welchen Bedingungen entwickeln sich neuronale Vernetzungen? Mit dieser Frage beschäftigt sich zum Beispiel das Max-Planck-Institut für Neurobiologie. Andere suchen, wie der Italiener Oscar de Feo, nach einer Antwort auf die Frage, wie deterministische Systeme mit Unordnung, Unsicherheit und Chaos umgehen. Der McKnight Endowment Fund for Neuroscience fördert die Entwicklung komplexer Maschinerien, mit deren Hilfe die Hirnaktivität auf mehr als einen Stimulus hin untersucht werden kann. Gleichzeitig wird die Rolle unterschiedlicher Gene in diesem Prozess studiert. Wieder andere Forschergruppen beschäftigen sich mit den genetischen Einflüssen auf das Gehirn, mit Neurosteroiden und anderen Stoffen, die in einer bestimmten Dichte und Menge vorhanden sein müssen, damit überhaupt irgendetwas geschieht. Was weitere Fachleute zu den entwicklungsgeschichtlichen Fragen führt, wie denn das alles entstanden ist und Menschen zu dem wurden, was sie sind: kommunikativ lernende soziale Wesen. Dass sie das sind und nicht anders überleben können, ist zumindest eines der wenigen klaren Ergebnisse.

Technik-Wissenschaftler experimentieren mit Computermodellen herum, die dem menschlichen Gehirn und den neuronalen Aktivitäten nachgebildet sein sollen, eine Teildisziplin, die unter dem faszinierenden technologischen Begriff Neuromorphic Engineering firmiert. Schließlich und ganz am Ende findet sich auch eine verantwortungsvolle Variante der neurowissenschaftlichen Betrachtung von wirtschaftlichen Prozessen und wirtschaftlich bedeutsamen Entscheidungen, etwa wie Erfolgserwartungen und Risiken im Kopf verarbeitet und zu einer Entscheidung geführt werden.

Wie man sieht: pragmatische Metaphern allerorten. Das macht Mut, die Idee der „neuronalen Vernetzungen" auch als ein Modell für die Kommunikation im Unternehmen zu verfolgen. Auch hier geht es ja darum, die Analogie zwischen den systematischen Prozessen in einem bestimmten physiologischen Organ zu decodieren und zu sehen, ob darin ein grundsätzliches Modell des Umgangs mit der Welt und ihren Unsicherheiten verborgen ist. All diese Fragen sind nicht neu. Sie sind nur neu ins Bewusstsein gedrungen, seit die schönen Charts mit den gelb und rot feuernden Neuronen einen hübschen Peepshow-Effekt erzeugt haben. Der Enthusiasmus, der sich daraufhin einstellte, ist auch als eine Art Katharsis zu begreifen, weil die wirkliche Einsicht in die Zusammenhänge zwischen dem, was in den menschlichen Köpfen geschieht, ihrer genetischen Vorprägung, den durch diese geistigen Aktivitäten geschaffenen und auf sie zurückwirkenden Kulturen in weit geringerem Maße enträtselt worden ist, als man sich das seit Jahrzehnten erhoffte. „Ich bin davon überzeugt, dass wir heute weniger wissen, wie das Gehirn funktioniert, als wir vor 20, 30 Jahren zu wissen glaubten", mäßigt Singer. Und Thomas Assheuer kommentiert in der Zeit: „Je tiefer die Neurobiologen in das Gewirr der 100 Milliarden Nervenzellen (Neuronen) und ihrer noch zahlreicheren Verbindungen (Synapsen) eindrangen, umso mehr schienen sich Phänomene wie ‚Geist' oder ‚Bewusstsein' zu verflüchtigen." Die Bemühung um das Verständnis dessen, was sich Kopf abspielt und was schließlich „Geist" darstellt, ist also nicht neu – eigentlich uralt.

Um die Geschichte abzukürzen beginne ich in meiner eigenen Studienzeit von 1965 bis 1970, in der in harter Konfrontation zu den maßgeblichen Leitlinien der Soziologie auch über die natürlichen Anlagen von Menschen geforscht wurde, und nehme das 1967 erschienene Buch des Genfer Psychoanalytikers Jean Piaget zum Ausgangspunkt. Man kann sich das heute wohl nicht mehr vorstellen, dass ein Student der Soziologie erhebliche Courage benötigte, um zum Beispiel Piagets Buch zum Referatsthema zu erheben. Als intellektuelle Währung galt die Einsicht, dass Menschen hundertprozentig die Produkte ihrer Umwelt seien. „Das Sein bestimmt das Bewusstsein", lautete das Dogma. Dass es etwas komplizierter zugeht, war schon damals ziemlich klar. Bereits 1964 stellte sich der gelernte Zoologe und spätere Entwicklungspsychologe Jean Piaget die Frage, wie es denn denkbar sei, dass zweifellos bestimmte kognitive Muster dem Gehirn des Menschen vor der Geburt „eingraviert" seien – etwa das mathematische System – aber nicht so, dass diese Muster – wie eben auch die Mathematik – ohne weitere Voraussetzungen anwendbar wären. Die gattungsspezifische Fähigkeit zum mathematischen Denken zum Beispiel entwickle sich in der Auseinandersetzung mit der Realität. Der Begriff, der zu dieser Zeit zur Beschreibung der Wechselwirkungen benutzt wurde, lautete: „Ko-Adaption".

Piaget ist sicher nicht unumstritten. Aber dieser Grundgedanke hat sich bestätigt. Vor allem ist wichtig, dass schon Piaget die später von Singer und Roth bestätigte Beobachtung machte, im Gehirn sei kein regulierendes Organ tätig. Die Regelung dieses Austausches zwischen Innen- und Außenwelt vollziehe sich in einer hierarchiefreien Weise. „Die kognitiven Prozesse erscheinen folglich als Resultante der organischen Selbstregelung, deren Hauptmechanismen sie reflektieren, und als die differenzierenden Organe dieser Regulation der Interaktionen mit der Außenwelt, dergestalt, daß sie diese beim Menschen schließlich auf das ganze Universum ausdehnen." Der „Sinn" dieser komplexen Konstruktion markiert nun das Problem, das eingangs schon skizziert wurde: Das Ziel des Geistes, das heißt also, der biologisch ermöglichten und gestaltenden Auseinandersetzung mit der Welt, besteht – gattungsgeschichtlich gesehen – darin, die Komplexität der äußeren Umwelt zu ordnen – ganz einfach, um überleben zu können. Religionen, Institutionen, Rituale und Systeme – all diese menschlichen Artefakte sind zurückzuführen auf das grundlegende Bedürfnis nach Sicherheit in einer grundsätzlich unsicheren Umwelt – wobei als Pikanterie des menschlichen Daseins dazukommt, dass diese Umwelt zu großen Teilen auch Produkt des menschlichen Geistes ist, dass also der Geist ordnend in eine Komplexität eingreift, die durch diesen Eingriff entstanden ist.

Wenn wir die wundersamen Produkte der finanzmathematischen Intelligenz betrachten, wird diese auf sich selbst zurückwirkende Logik deutlicher: Kein Mensch durchschaut offenbar noch wirklich, wie die vielen derivativen Finanzprodukte letztlich auf einen konkreten Kern zurückzuführen sind. Daher braucht also das Gehirn eine strukturierende Logik – obwohl all diese unverständlichen Dinge letzten Endes Produkte menschlicher Gehirne sind. Die Logik beschafft sie sich aus Plausibilitäten, mit denen es sich halbwegs bequem leben lässt. Um es mit einem Wort Piagets zu sagen: „Jede Entstehung geht von einer Struktur aus und mündet in einer Struktur." Der Geist ist offensichtlich zwar fähig, stets Umwelteinflüsse wahrzunehmen und adaptiv zu verarbeiten, aber unwillig, sich als dauerhaft offenes System zu bewegen und anzuerkennen, dass es „Zufälle" gibt. Die Frage nach dem Grund ist einfach zu beantworten: Menschen gestalten auf diese Weise ihre Umwelt, und diese Umwelt führt dazu, dass sich Menschen in einer bestimmten Weise regelgerecht verhalten.

Kultiviertes Zusammenspiel: Kulturelle Prägung und Natur

Dreißig Jahre nach der Publikation von „Biologie und Erkenntnis", 1997, ist die wissenschaftliche Reputation der neurologischen Forschung auch außerhalb der Medizin allgemein. In diesem Jahr 1997 bestärkte der weltbekannte Psychologe und Kognitionswissenschaftler Steven Pinker in seinem Buch „How the mind works" (Deutsch: Wie das Denken im Kopf im Kopf entsteht) die Schlussfolgerungen Piagets. Menschliche Gehirne können schon bei der Geburt nicht einfach als leere, unbeschriebene Blätter betrachtet werden, die anschließend kulturell geprägt werden. Sie seien genetisch programmierte Organe, die der kulturellen Prägung bestimmte Grenzen setzen. Diesen Gedanken vertieft der zur Zeit in den USA intensiv und bewundernd diskutierte Direktor des Infant Learning Language Centre an der New York University, Gary Marcus: „From cell division to cell differentiation, every process that is used in the development of the body is also used in the development of the brain. Genes do for the brain the same things as they do for the rest of the body: they guide the fates of cells by guiding the production of proteins within those cells. The one thing that is truly special about the development of the brain – the physical basis of the mind – is its ‚wiring', the critical connections between neurons, but even there, as we will see in the next chapter, genes play a critical role." Die Gene, sagt Marcus, diktieren aber nicht das, was Menschen denken. Sie geben nur vor, auf welche Art und Weise Menschen mit ihrer Umwelt umgehen. Die wesentlichen Stichworte, die Marcus mit seinen Ausführungen unterstreicht, sind dieselben, die auch die meisten anderen Arbeiten prägen: Komplexität, Vernetzung, Kommunikation, Umwelteinflüsse.

Ich übergehe hier die gegenwärtig in Deutschland geführten heftigen Diskussionen um die Frage der fehlenden Willensfreiheit, die vor allem durch Wolf Singer inspiriert worden ist, weil sie die Zusammenhänge zwischen der genetischen Vorprägung und kulturellen Ausgestaltung nicht prinzipiell betreffen. Denn auch Singer geht in einem Essay über „Unser Menschenbild" davon aus, dass „Erziehung und andere soziokulturelle Faktoren die Strukturen und Verschaltungen in unserem Gehirn entscheidend prägen – und damit unser Tun und Lassen."

Die Wissenschaftler verschiedener Disziplinen haben verschiedene Begriffe für diese wechselseitigen Beeinflussungen von Natur und Kultur gefunden – meinen aber alle dasselbe. Der weltbekannte Soziobiologe Edward Wilson nannte den Prozess in seinem Hauptwerk „Einheit des Wissens" eine „genetisch-kulturelle Koevolution", Piaget wie eben beschrieben sprach von „Koadaption", und ein Kongress, dessen Teilnehmerinnen und Teilnehmer sich im August 2003 in München versammelten, um unter dem Titel „Brain, Mind, and Culture" die Forschungslage zur Verflechtung von Gehirn, Geist und Gesellschaft zu erörtern, steuerte einen weiteren Begriff bei: „Biocultural Co-Constructivism".

Die Veranstalter dieser Konferenz waren der kürzlich verstorbene Entwicklungspsychologe Paul B. Baltes vom Max-Planck-Institut für Bildungsforschung, Berlin, die Psychologin Patricia Reuter-Lorenz von der University of Michigan und Frank Rösler, ebenfalls Psychologe, von der Philipps-Universität Marburg. Das summarische Ergebnis der etwa fünfzehn Vorträge war eindeutig: Physische Umwelt, Kultur und damit zusammenhängende Lernerfahrungen gehören zu den wichtigen und nur in ihrer Verflechtung zu verstehenden Bestimmungsfaktoren der Entwicklung und Ausgestaltung der funktionalen Architektur des Gehirns. Die anatomische und funktionale Architektur des Gehirns sei zwar genetisch angelegt, aber keineswegs ein für alle Mal festgelegt. Dass Lösungen für die Herausforderungen der Umwelt (und des Alltags) sich von Kultur zu Kultur unterscheiden, sei, sagt die deutsche Biologin Sigrid Schmitz, nicht verwunderlich. Sie bestätigt ihrerseits aus feministischer Sicht die Auffassung des „bio-kulturellen Konstruktivismus" und schreibt: „Die enorme Dynamik der Hirnplastizität kann die Vielfalt von Gehirnen erklären, denn jeder Mensch macht unterschiedliche Erfahrungen. Umgekehrt können sich Gruppenunterschiede in den Strukturen des Gehirns aufgrund ähnlicher Erfahrungen in einer geschlechtsaufgeteilten Welt entwickeln. Hirnbilder von Erwachsenen lassen beide Interpretationen zu: das Gehirn als Ursache oder als Ergebnis des Verhaltens."

Es sieht schon nach der kurzen Übersicht über die Auffassungen sehr unterschiedlicher Forscherinnen und Forscher so aus, als sei diese These der „environmentalistischen" Wechselwirkung zwischen Gehirn und Welt eine Konstante der Forschung. Das ist nicht weiter erstaunlich, da ja das Gehirn nun einmal eine evolutionäre Errungenschaft eines in dieser Welt lebenden und somit zu Reaktionen auf diese Welt gezwungenen Wesens ist, das ständig Lösungen finden muss, um den Überraschungen der äußeren Natur ein paar pfiffige Reaktionsmöglichkeiten entgegenzuhalten – so dauerhaft wie nur möglich und gleichzeitig flexibel wie eben nötig. Ich erspare mir an dieser Stelle einen Report über die Ergebnisse der Ethnologie (die sich mittlerweile auch der Neurowissenschaften genähert haben). Wichtig ist nur, dass sich eine faszinierende Parallele ergibt: Zwar produzieren Kulturen auf dieser Welt unsagbar viele Lösungen für menschliche Probleme. Doch im Kern bleiben die Strukturen gleich. Dabei fällt auf, dass die meisten Lösungen metaphorischer Natur sind, Mythen, Märchen, Sagen, religiöse Systeme, poetische Vergleiche, Modelle, Kennzahlen – alles Ausdrucksformen eines Konstruktivismus, der die Welt versucht, nach einer Ordnung zu beschreiben, zu verstehen, zu erklären und aus dieser Folge die Handlungsentscheidungen zu begründen. Weshalb tendieren Menschen zu dieser Art von Problemlösungen? Wolf Singer erläutert das Prinzip so: „Unsere Gehirne sind aufgrund evolutionärer Selektion darauf spezialisiert, in der Welt, die uns umgibt, Modelle zu erstellen, die uns erlauben, Voraussagen zu formulieren über das, was geschehen wird, um Verhalten anpassen zu können. Das ist eine der wichtigsten Aufgaben von Gehirnen. Tiere, die ein entwickeltes Nervensystem haben, existieren im Millimeter- bis Meterbereich. In dieser Dimension der dinglichen Welt gelten die Gesetze der klassischen Physik. Die Quantendynamik kommt dort nicht vor; die kosmologischen Prozesse sind auch völlig irrelevant. Also gilt das Kausalprinzip und die nicht Relativierbarkeit der Koordinaten von Raum und Zeit. Es gibt natürlich nicht-lineare Prozesse, aber weil man für nicht-lineare Systeme ohnehin keine langfristigen Voraussagen treffen kann, haben sich unsere kognitiven Systeme darauf spezialisiert, lineare Prozesse zu erfassen. Das heißt: Wir haben ein sehr begrenztes Vorverständnis für die Gesetzmäßigkeiten hoch nichtlinearer Systeme und deren Entwicklung."

Das Gehirn selbst sei ein nicht-lineares System, das strukturierte Ergebnisse produziert, um auf äußeres Chaos zu reagieren, „denn die Evolution hat offenbar ‚entdeckt', dass man nicht-lineare Systeme in hervorragender Weise nutzen kann, um Information zu verarbeiten. Nur haben wir offenbar kein Gefühl für die Prozesse, die in unserem Hirn ablaufen und all die wunderbaren Leistungen vollbringen. Wir sehen nur das Ergebnis und das ist wieder vorwiegend linear." Das Ergebnis sind eben jene geistigen Konzepte: Mythen, Märchen, Regeln, Bräuche, Sitten, Systeme und – Tools. Was Wolf Singer auf seine eher biologisch geprägte Weise ausdrückt, erläutert George Lakoff in etwas alltagstheoretischer Form. Lakoff, der seit 1972 als Professor für Linguistik im Institut für Kognitionswissenschaften der University of California in Berkeley lehrt und forscht, geht davon aus, dass Metaphern Ergebnisse von neuronalen Mechanismen darstellen, die es uns Menschen ermöglichen, über eine bestimmte Situation hinaus zu denken, Erfahrungen weiterzugeben und somit Prinzipien zu entwerfen, nach denen sie handeln können. Metaphern wären also mentale Anker zur

Erfassung der Welt. Das Problem ist nur, dass sich die Geschwindigkeiten von äußeren Veränderungen und inneren Anpassungen offensichtlich unterschiedlich entwickeln.

Ein existenzielles Problem für Menschen beginnt, wenn ihre Anpassungsfähigkeit mit dem wachsenden Tempo nicht mehr mithalten kann, in dem die Lösungen veralten. Die Unsicherheiten nehmen zu. Chaotische Zustände, unerwartete Konsequenzen planvollen Handelns, Entwicklungen, deren Ursachen man nicht versteht, und Zukunftserwartungen, die man herbeisehnt – alles das sind Ansprüche, die man versucht, durch mystische Zauberformeln zu realisieren. Diese mystischen Zauberformeln sind in ihrer Struktur einfache Gedankengänge, wie sie auch in den magischen Illusionen auf einer Varietébühne erscheinen: Wo Wirkungen erscheinen, hebt die Suche nach Ursachen an. Wo plausible Ursachen gefunden sind, endet sie. Ob die Plausibilität tatsächlich haltbar ist, bleibt zweitrangig. Wichtiger ist, dass sie funktioniert, dass die prinzipielle Unsicherheit bei dem Versuch, die Zukunft zu bewältigen, in irgendeiner Weise kompensiert wird. Wenn sie pragmatisch funktioniert, dann ist sie eben richtig.

Universelles Ziel:
Bewältigte Unsicherheit und Komplexität

So entsteht jene bereits mehrfach angedeutete Selbsttäuschung: dass mit einfachen Konzepten komplexe Sachverhalte bewältigt werden, dass man Unsicherheit minimiert und dem Zufall, der diese Welt prägt, irgendeine tiefere Logik unterschiebt – seien es Sternbilder, parapsychologische Erklärungen, Chartanalysen oder eben Managementkonzepte. Alles funktioniert eine Weile, und mitunter wird die Welt tatsächlich so, wie diese geistigen Werkzeuge sie darstellen. Ein Kind, dem man von der ersten Stunde des Lebens an, weil es kräftig strampelt, die Durchsetzungsfähigkeit und Dynamik des „typischen" Widders zuschreibt, entwickelt mit großer Wahrscheinlichkeit aufgrund dieser Zuschreibungen typische Widdereigenschaften und hat damit vielleicht sogar karrieristischen Erfolg. Das Verhalten birgt ja jene Belohnungen, auf die die Hirnforschung immer hinweist. Das erwünschte Ergebnis der Prognose wird in ein Verhalten umcodiert, das wesentlich zur Erfüllung der Prognose beiträgt. Das Problem bei der Sache ist nur, dass, wenn man die Sternbilder aller erdenklichen erfolgreichen Managerinnen und Manager betrachtet, eine solche Logik nicht sichtbar wird. Aber wer schaut sich schon alle diese Bedingungsfaktoren an? Im Nachhinein werden plausible Faktoren miteinander verknüpft, auf dass eine pragmatische Logik entstehe. Mit derselben Logik ist es verständlich, dass trotz gegenteiliger Erfahrungen ständig Vorhersagen der Entwicklung auf den internationalen Kapitalmärkten publiziert werden.

Zwar zeige die Wissenschaft, sagt der Mannheimer Wirtschaftswissenschaftler Martin Weber, dass Aktienkurse dem Zufall gehorchen und nicht irgendwelchen schlauen Bewertungsmodellen. Dennoch gehe man davon aus, dass in diesen Zufällen eine verborgene Logik herrsche, und diese Logik verfestigt sich dann zu einer plausiblen Annahme. „In der Tat", bestätigt der amerikanische Mathematiker und Wirtschaftsexperte Nassim Taleb, „gibt es eine ziemliche Ähnlichkeit zur Astrologie (allerdings ohne deren Eleganz zu erreichen)." Taleb illustriert seine Ideen an einem spektakulären Beispiel, das später noch einmal im Zusammenhang mit der Betrachtung von Best Practices eine Rolle spielen wird – am Beispiel des Niedergangs des Investmentbankers Long Term Capital (LTCM). Der Hedgefonds wurde gerade vier Jahre alt, von Long Term also keine Rede. Die Logik des Geschäftsmodells war vollkommen rational. Die Risiken wurden verteilt, und es wurde alles getan, was man sonst noch üblicherweise an Vorsorge treffen kann. Das Personal war hochqualifiziert. LTCM wurde 1994 von John Meriwether gegründet, der seinen Job bei Salomon Brothers gelernt hatte. Zu den Vorständen zählten Myron Scholes und Robert C. Merton, der 1997 den Wirtschaftsnobelpreis erhalten hatte. Vier Jahre nach der Gründung, also 1998, krachte der Finanzdienstleister scheppernd zusammen und hinterließ Schulden in der Höhe von 4,6 Milliarden US-Dollar. Dieser Zusammenbruch erfolgte in nur vier Monaten. Der einzige Fehler, den, wie sich zeigt, LTCM machte, der fundamentale Fehler, war, auf die Rationalität der Kundenentscheidungen zu setzen. Die „sektorale Intelligenz", die in diesem Falle auf große Diversifizierung setzte und damit ein Sicherungssystem zu schaffen glaubte, brach sich an einem eigenartig irrationalen Prozess, den niemand vorhersehen konnte: Im Sommer 1998 flüchteten viele Anleger in Liquidität und produzierten damit, ohne dass sie sich abgesprochen hätten, einen für LTCM tödlichen Emergenzeffekt.

„Nachdem ich mir zum Beispiel das Fiasko bei Long Term Capital angeschaut habe, erstaunten mich die Reaktionen der Aufsichtsbehörden, der Zentralbank und des finanzwirtschaftlichen Establishments. Sie schienen einfach die Lektion aus diesem Fall nicht zu erfassen. Ich habe daraufhin meine intellektuelle Energie auf die wissenschaftlich seriöseren Wissenschaften der menschlichen Natur konzentriert. Die seltsame Frage ist, warum begreifen wir Menschen nicht, dass wir nichts über die bedeutungshaltigen Vorzeichen des Zufalls wissen? Warum begreifen wir nicht, dass wir einfach nicht in der Lage sind, Vorhersagen zu treffen? Warum bemerken wir die intellektuellen Scheuklappen nicht, die uns daran hindern, aus unseren Erfahrungen zu lernen? Warum tun wir immer noch so, als würden wir sie verstehen?" Der Harvard-Psychologe Daniel Gilbert ergänzt aus evolutionswissenschaftlicher Perspektive: „Die Studien, die ich … durchgeführt habe, zeigen, dass die Leute systematische Fehler machen, wenn sie versuchen, zukünftige Ereignisse zu simulieren. Die Menschen der Moderne halten es für selbstverständlich, dass man Aussagen über die Zukunft machen kann, aber es ist erwiesen, dass die Fähigkeit, Vorhersagen zu treffen, eine erst in der jüngeren Gattungsgeschichte erworbene Fähigkeit darstellt – kaum älter als drei Millionen Jahre. Der Teil des Gehirns, der uns in die Lage versetzt, Zukunftsereignisse zu simulieren, ist eine der neuesten Erfindungen der Natur, daher ist es nicht überraschend, dass wir ein paar Anfängerfehler machen, wenn wir diese neue Fähigkeit einzusetzen versuchen."

Die Idee, es gäbe Konzepte, ist also ebenso natürlich wie verführerisch, und viele Autoren verbreiten die Illusion, bestimmte erwünschte Ergebnisse könnten durch die Nachahmung von bereits erfolgreichen Konzepten erreicht werden. Der Anfängerfehler, auf den Daniel Gilbert hinweist, ist so simpel, dass er eigentlich von jedem Anfänger auch durchschaut werden könnte: Die emotional gelenkte Intuition nimmt opportunistisch nur bestimmte plausible Erklärungselemente wahr. Nassim Taleb illustriert diese Tendenz an einigen wirtschaftlichen Beispielen. „Es gibt da so ein dummes Buch mit dem Titel ‚The millionaire next door' und ein Autor schrieb ein noch dümmeres Buch ‚The Millionaire's mind'. Beide interviewten einen Haufen Millionäre, um herauszukriegen, wie diese Leute reich geworden sind. Vordergründig kamen sie auf eine Reihe von Charakterzügen. Sie brauchen ein wenig Intelligenz, viel harte Arbeit und große Risikobereitschaft, so dass am Ende die Botschaft war: Hey, Risiken eingehen ist gut für Sie, wenn Sie Millionär werden wollen. Was diese Autoren einfach vergessen haben, ist ein Blick auf den Friedhof zu werfen, mit anderen Worten, die Bankrotteure, Versager und Leute einzubeziehen, die aus dem Markt gedrängt wurden – und deren Charakterzüge einmal in Augenschein zu nehmen. Sie hätten entdeckt, dass sie einige Merkmale mit den Millionären gemeinsam hatten, wie harte Arbeit und Risikobereitschaft. Das zeigt mir am Ende, dass der einzige nachweisliche Faktor, den alle Millionäre gemeinsam hatten, nur das Glück war." Dieser Aspekt wird in der Ausführung zum Problem vordergründiger Best Practices noch einmal aufgegriffen, ich bitte also um etwas Geduld bis zum Kapitel 5.

Wenn das alles richtig ist, was bis hierher an Forschungsergebnissen der Neurowissenschaften referiert worden ist, dann sind diese Geister alle Ausdrucksformen gleichartig strukturierter Gehirne, tendieren somit gemeinschaftlich zu eben jenen strategischen Verkürzungen, die beschrieben worden sind. Auf diese Weise entsteht schließlich jede kulturelle Regel mit dem Ziel dauerhafter Handlungsorientierung. Menschen lernen, wie der Soziologe und Sozialpsychologe George Herbert Mead schon im Jahre 1910 in seinen

Vorlesungen formuliert hat, in „symbolischer Interaktion". Das heißt, dass sie ihre Erfahrungen an konkreten Personen und Situationen schulen, um sie dann auf alle ähnlich erscheinenden Phänome anzuwenden – solange es geht. Und die ersten Erfahrungen, die ihnen im Umgang mit Eltern, Verwandten und anderen nahen Bezugspersonen den Weg ins Leben weisen, sind selbstverständliche Regeln, Konzepte, Gesetze – auch Verhaltensweisen, die durch die Konstellation der Gestirne zu ihrem Geburtszeitpunkt beeinflusst scheinen. So entsteht: „Urvertrauen", eine auf gesellschaftlicher Vereinbarung gründende Haltung zur Welt, die das alltägliche Überleben ermöglicht, ohne ständig alles hinterfragen zu müssen. Dieses kindliche Vertrauen in das Funktionieren der Welt begründet wohl eine immerwährende Sehnsucht nach Sicherheit.

Die Frage ist, ob daraus die weit verbreitete Kultur des Managements erklärbar ist, dieses engmaschige System rein wirtschaftlicher Logik zu knüpfen, in dem alle Elemente kontrollierbar sind. Das heißt im Umkehrschluss oft, dass Elemente, die nicht kontrollierbar sind, in diesen Systemen keinen Platz finden. Wenn diese psychologische Argumentation, die einiges für sich hat, und die neurowissenschaftliche Forschung, die dem entspricht, als plausible Beschreibungen menschlichen Verhaltens akzeptiert werden können, ergibt sich dies: Geist verengt sich in dieser Kultur auf eine sektorale Intelligenz und die Kommunikation auf die Sicherung des damit begründeten Handlungssystems. Die Geltungsansprüche derartiger Ideen müssen gegen Kritiker und gegen die offensichtlichen Mängel verteidigt werden. Das geschieht in großem Maßstab durch Berufung auf Wertesysteme – „Freiheit", die sich gegen „Planwirtschaft" richtet –, im kleinen durch die Ausführungsbestimmungen des Managements selbst: etwa Kennzahlen im Vierteljahresrhythmus, Vertrauen in die Regelmäßigkeit des Verbraucherverhaltens, Trendextrapolationen und Zukunftsideen, und schließlich durch die Formierung der Geister, die diese unglaubliche Aufgabe bewerkstelligen sollen und diese Aufgabe schon in ihrer Berufsbezeichnung verdeutlichen: Manager. Keine

Spezies auf dieser Welt wird mit mehr Konzepten, Modellen, Regeln, Methoden, Strategien versorgt als Manager. Mit dem Ziel: den offenen kommunikativen Geist zu domestizieren, um der Unwägbarkeit der offenen Kommunikation vorzubeugen. Diese sektorale Intelligenz verengt sich so stark, dass offensichtlich selbst noch die kleine gestalterische Bedeutung, die das Wort Management besitzt, eliminiert und der Begriff durch die Vokabel „Handling" ersetzt wird. Dieses Handling erstreckt sich auch auf den Geist, auf die Kraft des Denkens, die hier „Brainpower" heißt, eine Art Vermögenswert, der aus formierten Geistern besteht, die „neuartige Mentaltechniken und ihre Anwendung in der Unternehmenspraxis" hinter sich haben, wie es schon während der ersten Andeutungen der Hirnforschung in einer im Mai 1993 im Schweizer Gottlieb Duttweiler Institut organisierten Tagung hieß, die sich mit „Mind-Management 2000 – Mentale Kompetenz und soziale Intelligenz" beschäftigte.

3. Intellektuelle Sehnsucht nach Überschaubarkeit

Sektorale Intelligenz schafft raffinierte geistige Konstruktionen, um komplexe Herausforderungen im Hinblick auf eingegrenzte Fragestellungen mit simplen Modellen zu bewältigen. Seit einigen Jahren versucht man den Geist auf die Optimierung solcher Lösungen hin zu programmieren – bislang nannte sich dieses Verfahren „Mind-Management". Es wurde in verschiedenen Formen betrieben, meist in Form von Seminaren und Rollenspielen. Konzepte, Modelle, Analogieschlüsse traten an die Stelle offener intellektueller Beschäftigung mit den Herausforderungen, um eine vermeintliche Sicherheit zu garantieren. In diesem Kapitel werden einige aktuelle Ausgestaltungen dieser Idee beschrieben. Die wundersame Illusion hinter diesen Spielchen besteht darin, dass man wie in einer Life-Fabel etwas für das Leben lernt – einmal mit Haien tauchen, einmal auf andere beim Abseilen angewiesen sein, einem Pferd etwas flüstern, all das seien, so die Anbieter, Lernerfahrungen. Für das Leben. Das heißt auch: für das Management. Die Wissenschaft zeigt, dass auf diese Weise nur Konstruktionen der Wirklichkeiten entstehen, Mind-Maps für das Denken, Roadmaps für das Handeln. Die Variationen, die eine bestimmte Fraktion von Neuroökonomen und Vertretern des so genannten Neuromarketings nun zum Verkauf feilhalten, nämlich die Charts von bunten Reaktionen in grauer Hirnmasse, bieten also nichts prinzipiell Neues: Sie sind ebenfalls nur partielle Perspektiven auf die Wirklichkeit, Modelle, Maps, empirische Einzelteile, die in einen zweckbestimmten Kontext integriert werden.

Strategisches Training: Technisches Mind-Management zur Angstbewältigung

Wann der Begriff des „Mind-Management" in der Managementpublizistik auftauchte, weiß ich nicht. Es ist den Studenten und mir trotz langwieriger Versuche in den Seminaren nicht gelungen, zur Quelle dieses semantischen Monstrums vorzustoßen. Sicher ist aber, dass bereits im Jahre 1993 in einem Symposium des Gottlieb Duttweiler Instituts schon so selbstverständlich vom „Mind-Managament", die Rede war, dass man von einer Art geläufigem Grundbegriff sprechen konnte. Es waren, wie berichtet wird, „Pioniere der Hirn-, Intelligenz- und Persönlichkeitsforschung", die damals aktuelle Erkenntnisse präsentierten. „Ziel dieser richtungweisenden Konferenz war, die unterschiedlichen Minds wahrzunehmen und mit der eigenen Bewusstheit Regie führen zu lernen: Die vielfältigen mentalen Quellen verbinden sich zu einem neuen, multiplen Wirkungsfeld des Geistes, der Intelligenz und der Gefühle und öffnen damit neue Dimensionen des Lernens und Handelns." Die pragmatische Metapher, die sich in den seriösen Arbeiten der Hirnforschung andeutet und die weiter oben präzisiert worden ist, erscheint hier als eine ernsthafte Herausforderung für den betrieblichen Bildungsprozess. Noch hatte sich die später noch eingehender erörterte Vulgärvariante einer rein marketingbezogenen Neuroökonomie nicht durchgesetzt. So überwog also die Idee der Kommunikation, der gemeinschaftlichen Nutzung der in einer „Unternehmung" versammelten Potenziale. „Aus vielen Köpfen einen Geist formen", war ein Motto. Der ebenfalls geladene Philosoph Rudi Ott aus Mainz ergänzte: „Ich kann keine Probleme lösen, wenn ich mir nicht immer wieder Denkmuster aufbaue und pflege, die mir neue Möglichkeiten eröffnen! Jeder geht mit der Zeit kaputt, wenn er sich nicht die Zeit nimmt, sich passendere geistige Strukturen aufzubauen."

Wie es immer so ist, wenn irgendwo ein Impuls auftaucht, fühlen sich auch die Geister der Gurus inspiriert, die sich dann den Begriff zu Eigen machen und Geschäftsmodelle draus zimmern. Der umtriebigste Vermarkter solcher Ideen war der Worpsweder Managementberater Gerd Gerken. Mit wechselnden Ko-Autoren lieferte Gerken aus seiner anthroposophischen Höttger-Villa in Worpswede eine wilde Mischung aus fernöstlichen Heilslehren und populärwissenschaftlicher Neurologie, Evolutionstheorie und Managementberatung in Form von systematischem Training und nannte das alles tatsächlich „Mind-Management". Die „Transformations-Kompetenz" solle gesteigert und die „Zukunfts-Intelligenz" entwickelt werden. „Bevor Sie im Außen etwas verändern können, muß vorher eine Veränderung in Ihrem Denken, in Ihrem Kopf geschehen sein! Gehen Sie davon aus, dass Sie erst gerade zu lernen begonnen haben, und das Allermeiste liegt noch vor Ihnen." So begann das Training, und führte weiter über körperliche Entspannung, Übungen der geistigen Beweglichkeit („Betrachten von Ereignissen von den unterschiedlichsten Standpunkten aus. Es gibt nicht nur zwei Seiten ein und derselben Sache, sondern enorm viele") hin zur „mentalen Selbstprogrammierung und gezielter Selbstsuggestion". Die Leser und Leserinnen mutmaßten natürlich, dass tief unter dieser Worthuberei verborgen eine simple Wahrheit steckte. Gleichwohl konnte sie niemand entdecken, vielleicht war es gar zu trivial. Aber immerhin hat Gerken ja eines erreicht: Er hat anderen Mut gemacht, sich mit dem Thema zu beschäftigen.

Zum Beispiel John Selby und Paul Hannam. Die Autoren verfassten ein so genanntes „Praxisbuch" zum Mind-Management. Über John Selby erfahren wir vom Verlag, immerhin, dass er eine Menge Lebenshilfe-Traktate verbreitet, eine Menge Fächer studiert hat und mehrere Berufe gleichzeitig ausübt. Er ist Doktor der Philosophie, Unternehmensberater, Psychologe, Bewusstseinsforscher und Pädagoge, studierte, wie die Leserschaft erfährt, an der Princeton University, am Theologischen Seminar in San Francisco, am University College Berkeley, am Amerikanischen Filminstitut und am Radix Institute, das auf der Psychologie von Wilhelm Reich aufbaut. Selby habe, so die Verlagsankündigung weiter, Gesundheits- und Persönlichkeitsprogramme für große Industrieunternehmen entwickelt, an verschiedenen Universitäten gelehrt und sei Autor zahlreicher Bücher. Einer der wichtigen Ratschläge besteht darin, Fahrrad zu fahren. Das wird mit einem Best-Practice-Beispiel fundiert: Auch Albert Einstein fuhr Fahrrad, wenn er, wie Selby und Hannam berichten, den Punkt erreichte, an dem seine Kreativität zu erlahmen schien. Einstein pflegte dann einige Runden mit seinem Fahrrad auf dem Princeton-Campus zu drehen. Danach waren seine Batterien wieder aufgeladen, und er kehrte mit neuem Elan an seinen Schreibtisch zurück. Mag sein, dass Einstein Fahrrad gefahren ist. Inwieweit das Fahrradfahren zu seiner Genialität beitrug, bleibt offen. Man könnte genauso gut argumentieren, dass es geniale Menschen waren, die ihn inspirierten. In seinem Sommerhaus in Caputh bei Potsdam bewegte sich der Gelehrte am liebsten in Gesellschaft anderer Geister, Max Planck, Gerhard Hauptmann, Käthe Kollwitz, Heinrich Mann oder Anna Seghers werden namentlich genannt.

Wie auch immer, John Selby jedenfalls verspricht Gelassenheit durch Mind-Management: Er habe ein praktisches mentales Trainingsprogramm entwickelt, mit dessen Hilfe wir lernen, bei allem, was wir tun, absolut präsent zu sein und unsere Energie auf einem stetig hohen Level zu halten. Mind-Management ist die wirksamste Methode gegen Grübelattacken, Stress und Erschöpfung: „Gelassen und souverän bewahren wir auch in den schwierigsten Situationen einen klaren Kopf – und erlauben uns, uns gut zu fühlen." Immerhin verzichtet Selby darauf, dem zurzeit noch waltenden Geist des Managements entgegenzukommen, indem er Berechnungen mitliefert, wie viel Prozent Entspannung durch sein Training zu erreichen sind. Das machen andere durchaus, treiben den Behaviorismus noch ein Stückchen weiter mit der Botschaft: Du bist nicht nur in der Lage, dein Hirn auf positive Gelassenheit und damit auf Erfolg zu programmieren, sondern ich sage dir auch noch genau, welchen Ertrag du verbuchen wirst! Derartige Versprechungen sind nun auch keineswegs in esoterischen Anzeigenecken versteckt, so wie früher die Behandlungsmethoden für Hühneraugen und die Angebote für Grabstein neu („hält eine Ewigkeit"). Nein, wir finden sie in den seriösesten Foren der Wirtschaft, zum Beispiel im *Handelsblatt* in einem Beitrag über das Laufen, das offensichtlich die Intelligenz fördere.

„Schlau gelaufen" schreibt das *Handelsblatt*, und zählt all die Vorteile auf, die so ein Sport mit sich bringt: Vor allem aerober Ausdauersport wie Laufen mache intelligenter und lernbereiter, glaubt auch Psychologie-Professor Henner Ertel. Als Beweis führt Ertel seine Tests mit fast 30 000 Personen an, die er im Lauf von zwölf Jahren durchgeführt hat. Innerhalb von 36 Wochen, erläutert Ertl, erhöhte sich deren Intelligenzquotient im Durchschnitt von 99 auf 128. Die Gedächtnisleistung verbesserte sich um 57 Prozent, die Konzentrationsfähigkeit um 42 und die Lernfähigkeit um 39 Prozent.

Aber was heißt das alles eigentlich: Der Intelligenzquotient erhöht sich im Durchschnitt von 99 auf 128? Kann sich der IQ überhaupt um eine derartige Marge erhöhen? Und: Wie stellt man fest, dass Kreativität, wie andere Seminaranbieter behaupten, um 44 Prozent zunimmt? Warum nicht 47 oder 38 Prozent? Der Liebhaber von Kennzahlen stellt solche Überlegungen nicht an, er findet in derlei Berechnungen den Trost dafür, dass er Zeit verschwendet hat, die er vielleicht doch besser für nachweisliche Steigerungen irgendwelcher Werte hätte aufwenden sollen. Aber die Gratifikation greift tiefer ins menschliche Dasein ein, geht über die Zahlen hinaus, denn diese Art von Coaching und Training hat ja ihrerseits die Hirnforschung entdeckt. Lauftrainer Ertl zum Beispiel meint, dass die beiden Hirnhälften durch das Laufen besser miteinander vernetzt würden. Auch wenn nicht neu ist, dass Sauerstoffzufuhr positive Effekte auf das Gehirn hat, klingt diese unmittelbare Verknüpfung von allem, was irgendjemand zur Steigerung der Managementkompetenz vorschlägt, mit dem neu entdeckten Gehirn nun revolutionär und damit geschäftsfördernd.

Komödiantischer Geistesersatz:
Fabelwesen und Managementspiele

Aber diese „Entdeckung", dass das Gehirn unablässig, ohne dass der Gehirnträger es merkt, Berechnungen anstellt, Vor- und Nachteile erwägt, bei Kreditkartenzahlung weniger Widerstände produziert als beim Hinblättern der schönen Scheine, bei Schnäppchen ausrastet und im Ultimatumspiel dem unfairen anderen eine „altruistische Bestrafung" angedeihen lässt, bedeutet nur eines: die systematische Trivialisierung einer hochinteressanten Wissenschaft mit dem Ziel, die Verkäuflichkeit von billigen Sonderposten der Managementberatung zu steigern. In der Vorphase der Neurowissenschaften und der aus ihnen abgeleiteten Neuroökonomie rückte man den Geist auf dieselbe Weise managend zu Leibe, aber man nannte es anders. Neurolinguistische Programmierung war eine große Mode. Positives Denken eine andere. Sich im Spiegel angrinsen sollte Hormone freisetzen. Jede Menge Zen und Tao und andere fernöstliche Versenkungsmethoden, autogenes Training und Meditation beanspruchten Wirkungskräfte auf das Hirn. Eine Zeitlang dümpelten Manager in der Mittagspause in hermetisch abgedunkelten Salzwassertanks herum, und dann gab es und gibt es (und wird es vermutlich immer geben) die Motivations-, Erfolgs- und Erleuchtungsseminare, die statt auf „Mind" auf „Spirit" setzen.

Es erheitert immer neue Generationen von Studierenden, mit welch offensichtlichem Schwachsinn sich (wenn es denn stimmt!) ihre Chefs abgeben, um mit den Herausforderungen ihres Berufes zurechtzukommen. So ziehen weiterhin Coaches, Trainer, Gurus durchs Land und errichten zunächst düstere Kulissen der Vergänglichkeit wie in einem Volksstück des 18. Jahrhunderts, um davor ihre erhellenden Konzepte zur Rettung zu platzieren. Selbst renommierte Professoren tun das. Karlheinz Geißler, Professor für Wirtschafts- und Sozialpädagogik an der Universität der Bundeswehr in München, inszenierte die Gegenwartsdämmerung mit den Worten: „Wir wissen: Morgen geht gestern nicht weiter. Aber wir

wissen nicht: Wie soll's weitergehen? Die permanente Unsicherheit wird zum Normalzustand. Das ist die neue sozio-ökonomische
Realität, vor die die Betriebe gestellt sind und auf die sie Tag für
Tag eine Antwort finden müssen." Managementtrainerinnen tun
es, wie etwa Siglinda Oppelt. Sie begründete die Bedeutung ihres
Modells des spirituellen Mind-Managements mit der theaterreifen
Vorstellung von einer Horde inkompetenter und geldgieriger Manager, die besinnungslos in ihren „hochmotorisierten Firmenwagen
im Hier und Jetzt durch die Gegend sausen" (aus einer Rezension
zitiert) und ansonsten offensichtlich keine Ahnung haben.

„Viele Unternehmer", meint Oppelt, „erinnern heute an ver-
schreckte Kaninchen, die lauernd in ihrem Bau sitzen, abwartend,
dass sich die Lage ‚im Außen' doch endlich bessern möge. Der
Geist, der Spirit, von dem das Management durchwoben ist, ist
Angst und Mangel." Es sei also höchste Zeit, einen neuen Geist
ins Management zu bringen. Dabei werde die „spirituelle Intelligenz" der entscheidende Erfolgsfaktor sein. „Wurden im vergangenen Jahrzehnt soziale Kompetenz und emotionale Intelligenz
gefordert, ist jetzt die spirituelle Intelligenz gefragt: Führungskräfte, die aus einer tieferen menschlichen Erfahrung heraus und mit
dem Wissen der Vernetztheit der Menschen als Ganzes handeln."
Die meisten Rezensionen, die wir zu diesem Buch gefunden haben, sind allerdings positiv. Sie loben die „schönen Hinweise darauf, dass wir noch andere Intelligenzen einsetzen können als nur
die des Verstandes", oder die einfache Wirtschaftstheorie, die auf
dieser „Herzenergie" aufbaut und zeigt, „wie einfach wir eine
lebenswerte Zukunft gestalten könnten, in der die Bedürfnisse
aller Menschen nach Sinn, Anerkennung, Heilung der Seele,
Wohlstand und persönlichem Wachstum in vollem Umfang be-
rücksichtigt würden". Das Buch ist eine rückhaltlose Übersetzung
des „Mind-Management"-Gedankens in eine verzopfte Spirituali-
sierung. Oppelt bietet genau dieser Sehnsucht ihre Projektionsflä-
che, die dann sehr schnell in Esoterik und Aberglauben mündet.
Unvergessen bleibt die ebenfalls als Managementberaterin firmie-
rende Andrea Fuszinski mit ihrem Buch „Tarot für Manager", die

den Jungs, die sich am liebsten morgens unter der Bettdecke verkriechen möchten, weil sie nicht mehr wissen, wie und was, vorschlägt, erst mal die Karten zu legen. In diesen Karten tauchen Geister auf, Engel und andere rettende Fabelwesen, wie überhaupt tierische Fabelwesen in dieser Konzeptionierung des Geistes eine lebendige Konjunktur haben.

Trotz offensichtlichen Flachsinns überschlagen sich weiterhin Seminare mit Pferden, Hunden und anderem Getier. Immer geht es darum, den Geist zu stärken, entweder individuell, um Ängste zu besiegen, oder kollektiv, um im Team arbeiten zu können, abzutauchen in die tiefen Urgründe des Verhaltens oder um die individuellen Ängste zu besiegen. Abzutauchen gelegentlich im Wortsinne, wie es beispielsweise Sonja A. Buholzer (Managementtrainerin, was sonst) vorschlägt: Manager sollen mit Haien tauchen, denn Tauchen mit Haien und das Tauchen generell seien ein „Gleichnis auf unser berufliches Leben". Angstbewältigung ist überhaupt die neue Mode. So werden neuerdings Management-Teams durch unterirdische Labyrinthe gescheucht, in denen keiner auch nur einen Millimeter weit sehen kann, in Gängen, die gerade einen Meter hoch sind und 70 Zentimeter breit. Und die sich dieser unsinnige Tortur unterziehen, André, Gabi, Manuela, Cécile und Pamela, sind stolz darauf, dass ihr Abenteuer in irgendeinem Blatt erscheint, in dem Mark, der Journalist, auf der Vorschaltseite der Stellenanzeigen am Samstag berichten darf, dass sie zum Beispiel da unten miteinander sprechen durften, um sich ihren Weg durchs stockfinstere Labyrinth zu bahnen, gemeinsam, aber nur unter erschwerten Bedingungen: „Lolli aus dem Mund nehmen, in eine Pfeife pusten, Vor- und Nachnamen sagen" – alles wie im Kindergarten.

Irgendwie ist es auch kaum erstaunlich, dass all diese seltsamen und schon verzweifelt anmutenden Übungen in der Hauptsache für drei offensichtlich nur oberflächlich unterschiedliche Zielgruppen angeboten werden: autistische Kinder, desorientierte Selbstsucher und – Manager. Hinterher lobt sie man sie auch entsprechend:

„Um diese vertrackte Aufgabe gemeinsam lösen zu können, sind analytisches und konzeptionelles Denken wichtig. Ein geübter Beobachter erkennt sofort, wer unter Stress soziale Kompetenzen hat und diszipliniert handeln kann." Deshalb werde das Konzept auch „gern bei der Auswahl von Nachwuchsführungskräften eingesetzt". Die Führungskräfte sauen sich derweil im Business-Dschungel ein – metaphorisch inszeniert in den Tiroler Alpen und freudig nacherzählt im *Handelsblatt*. Stünde das, was jetzt kommt, nicht im *Handelsblatt*, würde man es für eine halbwegs gutgemachte, aber durchsichtige Persiflage halten: „Die versammelte Führungsriege (im Zeltlager, H. R.) reibt sich mit Schlamm ein, trägt Nadelholzröckchen statt Nadelstreifen und bricht auf in den Tiroler Dschungel. ‚Durch das Einschmieren werden alle gleichgemacht. Hierarchien verschwinden im Schlamm'," lässt sich ein Campteilnehmer zitieren, immerhin hochrangiger Funktionär einer regionalen Institution für Wirtschaftsförderung.

Der muss sich später fallen lassen, weil ein Tau zu kurz ist, sich in einen Bach abzuseilen. Er muss darauf vertrauen, dass die anderen ihn halten. Das tun die auch. „So lernt man, Menschen zu vertrauen, die man erst sei kurzem kennt", meint der zitierte Manager. Dass sich erwachsene Menschen in diesen karnevalesken Situationen auch noch fotografieren lassen, zeugt von der Haltung, dass die Geschmacklosigkeit des televisionären Exhibitionismus in zweifelhaften Talk-Shows auf Management-Ebene einen schönen Widerpart gefunden hat. Im Tiroler „Dschungel" präsentieren sich da Büromenschen als „Urmenschen" und „lernen" auch hier, sich besser in Teams einzufügen. Überschrift: „Führungssumpf. Abgestürzt und eingesaut: Im Zeltlager sollen Manager das Überleben im Business-Dschungel lernen."

Lernen: Wenn nur irgendjemand aus dieser Szene endlich einmal klar und wissenschaftlich valide abgesichert erläutern würde, wie sich denn der Transfer vollzieht, wenn André, Gabi, Manuela und die anderen um die nächste Aufstiegsposition im Unternehmen rangeln oder gar wissen, dass ihr Verhalten da unten in der Dunkelheit durch Infrarot-Kameras aufmerksam von Personalverantwortlichen beobachtet wird, die selbst eher ihre Seele dem Teufel verkaufen würden, als sich einer solchen Tortur zu unterziehen. Alle wissen, dass es nur einer oder eine schaffen wird, diesen nächsten Schritt zu gehen. Da wird dann soziale Kompetenz – um beim Bild zu bleiben – auf Teufel komm raus vorgegeben, obwohl sie am liebsten sähen, dass alle anderen im Stress zusammenbrechen. Wieder einmal also ein Artefakt, das durch die Fallen des vordergründigen Geistes entsteht, der Komplexität vorgaukelt, wer sich auf schlichte und meist falsche Kausalitäten verlässt.

Offensichtlich sind die Personaler selber verzweifelt, wenn sie zu solchem Irrsinn greifen. Denn dass diese Lawine von Übungen nicht abreißt, seit mehr als zehn Jahren durch die Managementlandschaften tobt und alles mit sich reißt, ist ja selbst schon ein bezeichnender Widerspruch zu den Versprechungen. Millionen von Seminaren, die alle das Gleiche versprachen, haben offensichtlich nur den Bedarf vergrößert. Und alle berufen sich auf ein pädagogisches Prinzip: Lernen. Von Adlern, Haien, Hunden, Pferden, Delfinen – lernen. In der Wüste, im Wald, im Hochgebirge – lernen. Lernen hat also nichts mehr mit der Entwicklung des reaktionsfähigen Geist zu tun, nichts mehr mit der offenen Kommunikation der unterschiedlichen Geister, mit der neuronalen Stimulation durch inspirierende andere Geister, ist nicht mehr charakterisiert durch vielfältige und mühsame Auseinandersetzung mit einem Gegenstand, sondern erfolgt als Zurüstung des Minds durch die Wiederholbarkeit antrainierter Reaktionen, die für den richtigen Spirit sorgen.

Systematische Vereinfachung:
Geistige Landkarten der Wirklichkeit

Die wundersame Illusion hinter diesen Spielchen besteht darin, dass man es schnell lernt, blitzartig sozusagen – einmal mit Haien tauchen, einmal auf andere beim Abseilen angewiesen sein, einem Pferd etwas sagen und das macht trotzdem, was es will – in jedem dieser Momente „lernt" einer etwas, und das sofort und sogar fürs Leben. Das heißt: fürs Management. Denn Management, das ist das Leben. Ein Leben außerhalb ist nicht denkbar, allenfalls als – Markt. Dem Leben der anderen begegnet man nach erfolgreichem „Mind-Management" und mit hochgerüsteter „Brain Power" und den Ergebnissen, die aus der sektoralen Weltsicht entstehen. Dieses Leben wird nicht mehr als ganzheitliches wahrgenommen, sondern mit Hilfe der Systeme auf wenige Elemente reduziert: Zielgruppe, Milieu, Bedürfnispyramide, Hirnaktivität. Darauf gilt es sich vorzubereiten, und diese Vorbereitung vollzieht sich wie eine technische Umrüstung des eigenen Gehirns auf die Aufgaben, die es zu bewältigen hat. So zählen zu jeder großen Managementtagung ja schon ein Gedächtnistrainer (das war die klassische Rolle dieser Commedia dell'Arte, die sich mit Gehirn beschäftigte), als weitere Darsteller mindestens ein Extremsportler, ein Paar, das (seltsamer Widerspruch in sich) „Strategien des Querdenkens" vermittelt, „Deutschlands härtester und teuerster Rhetoriktrainer", selbstverständlich (weil es sich um eine Commedia handelt) der Pantomime Samy Molcho und zusehends häufiger Humortrainer. Alles das wird angeboten wie im Schlussverkauf, en détail oder auch en gros: „Die gesamte Veranstaltungsreihe buchen und 200 Euro sparen. … Auch ideal als Mitarbeiter- und Kundengeschenk." Auf solche Schnäppchen, das zeigt die Neuroökonomie, reagiert das Belohnungszentrum im Gehirn außerordentlich positiv. Man wird so, wie die Werkzeuge, die man zur Erkundung der Welt ersonnen hat.

In diesen „Lernspielen" zeigt sich erneut die geradezu archaische Umkehrung der Problematik, die durch die Reduktion der Komplexität im Inneren meint, der Komplexität draußen begegnen zu können. Wenn also schon die Landschaft, in der das Unternehmen wirkt, nicht zu kartieren ist, werden zumindest die Vorstellungen in den Köpfen wie auf einer Landkarte eingetragen. Diese seltsame Logik mag aufgehen, wenn sich die Landschaft nicht verändert.

Wenn sie sich aber verändert (was ja gerade der Ausgangspunkt all dieser Bemühungen darstellt), dann sind die Markierungen eigentlich sinnlos – so als schnitzte man an der Stelle im Wasser eine Kerbe ins Boot, an der man eine Reuse ausgelegt hat, um sie mit Hilfe dieser Kerbe später wiederzufinden.

Das wäre ja die eigentliche Botschaft der Hirnforschung, dass Menschen zwar zu solchen Aktionen neigen, aber gleichzeitig in der Lage sind, sich selbst kritisch zu relativieren und grundsätzlich die Offenheit zu ertragen. Doch die Tendenz zu Schluss-Folgerungen (man möge das bitte wörtlich nehmen) ist offensichtlich stärker. So bezieht man sich eben auf vorhandene geistige Landkarten, wie Oliver Elbs in einem faszinierenden, leider auch höchst kompliziert geschriebenen Buch über Neuro-Ästhetik erläutert. In diesem Buch analysiert er die Funktion und die Gestaltungsvielfalt von geistigen Landkarten, und das Ergebnis wird den Liebhabern des „Mind Mapping" doch ein paar Schauer über den Rücken jagen, weil es noch einmal sehr drastisch die Künstlichkeit solcher Konstruktionen belegt: „Maps … do not have to be ontologically true or false, nor do they have to map (or ‚represent') ‚something' at all. Maps may get their meaning or truth (or stability?) or function only when being used within functional circles." Das heißt, dass es gleichgültig scheint, wie eine Landkarte beschaffen ist, wenn sie nur funktioniert und in der Lage ist, die neuen Orte, auf die man unvermutet trifft, einzugemeinden. Der Geist zielt auf Stabilität und Vermeidung kognitiver Dissonanzen. Wie gesagt, dazu wendet er, wenden also wir, enorme Kapazitäten auf, was irgendwie zwar widersinnig ist, aber eben im Prozess der Summierung anekdotischer Belege eines Konzepts menschlich fundiert. Eine Landkarte wirkt als Bezugsrahmen.

Mehrere solcher geistigen Landkarten (funktionaler Zirkel) können in einem größeren Bedeutungszusammenhang miteinander vernetzt werden. Dabei werden im Normalfall die individuellen Landkarten in diese plausiblen Regelkreise integriert. „The most ‚fateful' consequence (or fallacy) of a linking of functional circle seems to be some Social Synchronization, i. e., individual bodies, brains, or map makers building up similar (or better: synchronized) maps, models, paradigms, schemata, Weltbilder, ideas, Ideals, Gods, hallucinations or collective cognitive imperatives, or idola fori, and showing similar languages, discourses, and behaviours thanks to (or learned or acquired by) collectively-commonly and simultaneously performed (and functionally linked) activity circles."

Die Forscher der Kognitions- und Emotionspsychologie bestätigen die Zwiespältigkeit des Geistes – in seiner Fähigkeit, einerseits alle Grenzen zu sprengen und mit Veränderungen virtuos umzugehen, andererseits dann doch wieder die schnelle Bereitschaft, vordergründige Kausalitäten, Best Practices, Konzepte, ungeschriebene Gesetze und den bequemen Gleichgewichtszustand immerwährender Harmonie zu suchen.

Das Fazit ist simpel: Das Prinzip bleibt immer gleich und entspricht jener durch die Neurowissenschaften belegten Tendenz zur Verdichtung abstrakter und komplexer Vorgänge auf einen bildlich angereicherten Modellfall, der für ein Handlungsprinzip oder eine Welterklärung steht. Plastisch zeigt sich an dieser nur beispielhaften Folge von Angeboten vor allem aber, wie die Argumentation ständig von hinten her aufgezäumt wird und sich damit auch selber widerspricht: Um die generelle Anwendungsmöglichkeit eines Prinzips zu dokumentieren, wird es in Form von Fabeln, Märchen, Szenarien, Rollen- und Analogiespielchen vermittelt, aber letztlich nicht als eine lehrreiche Zerstreuung, sondern direkter Eingriff in das Gehirn, Mind-Management und manchmal verräterisch auch Mind-Mapping beschrieben.

Die Variationen, die eine bestimmte Fraktion von Neuroökonomen nun zum Verkauf feilhalten, nämlich die Charts von bunten Reaktionen in grauer Hirnmasse, bieten also nichts prinzipiell Neues: Sie sind Modelle, Maps, empirisch gesicherte Einzelteile, die in einen spekulativen Kontext integriert werden. Die Neuro-Neurose der Ökonomie veranschaulicht genau denselben mentalen Prozess und ist damit ein hervorragendes Studienobjekt für die zweite Stufe jener Reduktion, die nun nicht mehr nur die eigene „Brainpower" mit „Mind-Management" zu „handeln" sucht, sondern vor allem die der Kunden. Damit sind wir nun also bei jener Disziplin, die das Grundkonzept aufnimmt und behauptet, endlich in die inneren Sphären allen Handelns vorgedrungen zu sein und seine Logik erklären zu können: Neuroökonomie. Die Frankfurter Allgemeine Zeitung schrieb angesichts der sehr schnell aufflammenden Begeisterung und der allerorten flugs publizierten „Befunde" im Januar 2007 spöttelnd: „Für die Apologeten der Neuroökonomie, diesem taufrischen Sammelbecken der Hirnforschung, in dem sich Neurologen zusammen mit Marktforschern, Ökonomen und Psychologen tummeln, liegt die Sache auf der Hand: Sollte es den Händlern gelingen, eine signifikante Aktivierung des ‚nucleus accumbens' im basalen Vorderhirn des Konsumenten zu erzeugen und gleichzeitig eine Hemmung der ‚insula' im Großhirn (über den Augenhöhlen) sowie synchron dazu die Aufrechterhaltung der Aktivität im ‚mesalen präfontalen Kortex', ja dann muss uns um die Konjunktur nicht bange sein."

Um die Forschung schon, denn so viel unvereinbarer Informationswust ist selten in einer neuen Disziplin öffentlich verbreitet worden, ablesbar an den schon rein sachlichen Widersprüchen: In diesem Konzept, das die FAZ karikiert, sind es Großhirn, vorderer Kortex und dergleichen. Bei anderen Beratern regiert das limbische System, bei wieder anderen, wie wir sehen werden, ist es gleich das archaische Reptiliengehirn, hier die rechte und dort die linke Hirnhälfte, immer mit dem Versprechen, dass die Industrie bald schlicht nur bestimmte „Schalter umlegen" müsse oder „Knöpfe" drücken, um des widerspenstigen Kunden Zähmung endlich bewerkstelligen und all die Kosten für Marktforschung und Milieuanalysen einsparen zu können. Auf diese Weise wird eine faszinierende Möglichkeit vertan: die Bereicherung des Wissens, das in den letzten Jahrzehnten in der Soziologie, der Sozialpsychologie, in der Marketingforschung erarbeitet worden ist, mit den komplementären Einsichten aus den Neurowissenschaften.

Die Verführung, den Weg abzukürzen, ist wohl gar zu groß. Doch diese verkürzte Intelligenz wird, wie sich im anschließenden Kapitel zeigt, zu großen Schwierigkeiten führen.

Diese These ist einfach: Wenn es bestimmte Prozesse im Kopf gibt, die man messen kann, wird man auch die Reaktionen auf Werbebotschaften messen können. Was gemessen werden kann, so der zweite Satz dieses Syllogismus, kann auch vorausgesagt – mithin instrumentell beeinflusst – werden. Mit anderen Worten: Wenn wir wissen, wie es im Kopf des Konsumenten funkt, dann wissen wir schließlich auch, wie wir den Konsumenten mit subkutanen Informationen stimulieren können, um bestimmte Neuronen zu Aktivität zu bewegen, die ihn dann zum Kauf inspirieren. Abgesehen von der Absurdität eines solchen Gedankens berührt er natürlich ethische Fragestellungen – nicht weil es sich um offensichtliche Manipulation handeln würde, sondern weil die Wissenschaft ihre Unabhängigkeit aufgäbe. Wichtig ist daher eine Unterscheidung – die zwischen der Neuroökonomie, die vorbehaltlos forscht, und der, die etwas verkaufen will. Grundsätzlich ist es natürlich nahe liegend und faszinierend, die Aktivitäten im Gehirn eines Menschen zu beobachten, der sich wirtschaftlich betätigt.

4. Missverstandene Versprechen der Neuroökonomie

Neuroökonomie, missverständlich für eine Teildisziplin der Ökonomie gehalten, erscheint in der öffentlichen Diskussion oft als eine Art Mind-Mapping, mit dessen Hilfe die Verantwortlichen in Management und Marketing dem Kaufverhalten von Kunden auf die Spur kommen wollen. Der Blick unter die Schädeldecke ist aber zunächst nichts anderes als die Beschreibung von physiologischen Vorgängen während bestimmter Aktivitäten des Menschen im Alltag. Die klassischen Forschungs-Sets der Wirtschafts- und Finanzwissenschaften bieten nun ein wunderbares Feld für die Beobachtung von Hirnaktivitäten, denn spieltheoretische Designs zur Erkundung der wirtschaftlichen Aktivitäten einzelner Menschen prägen seit jeher die experimentelle Wirtschaftswissenschaft. Die bekanntesten nun in die Neuroökonomie integrierten Experimente sind die Messungen von Reaktionen bei der Verkostung von Coke oder Pepsi-Cola oder der Verteilung von Geldsummen zwischen zwei Partnern (Ultimatum-Spiel). Die reduzierte Weltsicht der sektoralen Intelligenz zeigt sich darin, dass diese Schlussfolgerungen nur auf einer sehr wackligen Prämisse gelten können: dass man von einem erfolgreichen untersuchten Fall auf alle Fälle schließen kann, in denen dieselbe mentale Logik herrschen soll und mithin auch dieselbe Strategie angewendet werden kann. Dahinter steckt eher der Wunsch als die These, dass die wirtschaftlichen Aktivitäten von Menschen durchwegs einer universellen Logik gehorchen. Dies ist die um eine emotionale Komponente erweiterte klassische Standardtheorie der Wirtschaftswissenschaft.

Neuronale Handlungslogik: Werbewirksame Experimente der Neuroökonomie

Der Blick unter die Schädeldecke ist faszinierend und von großem Wert, wenn man ihn zunächst nur als das betrachtet, was er wirklich ist: die Beschreibung von physiologischen Vorgängen während bestimmter Aktivitäten des Menschen im Alltag. Mit Hilfe von Magnetresonanztomografen, manchmal auch mit Positronenemissionstomografie oder Magnetenzephalografie beobachten zum Beispiel Kapitalmarkttheoretiker, was im Gehirn eines Menschen geschieht, der sich finanziellen Risiken aussetzt. Einer der führenden Forscher in diesem Gefilde zwischen Wirtschafts- und Neurowissenschaften ist Peter Bossaerts, Professor für Finanzwissenschaften am California Institute of Technology in Pasadena. Bossaerts versucht vor allem, neue Einsichten für die ökonomische Entscheidungstheorie zu finden. Sein Ziel ist herauszufinden, wann und wie Menschen ihr Gefühl für das Risiko entwickeln, dies vor dem Hintergrund, dass solche Kapitalmarktrisiken evolutionsgeschichtlich sehr neue Herausforderungen darstellen. Ein weiteres Beispiel für diese Art der neuroökonomischen Grundlagenforschung liefert die Gruppe um den Psychologen Samuel M. McClure, der an der Princeton University im Center for the Study of Brain, Mind and Behavior forscht und mit Read Montague im nachfolgend näher beschriebenen Cola-Kernspin-Experiment kooperierte: „Using functional magnetic resonance imaging, we examined the neural correlates of time discounting while subjects made a series of choices between monetary reward options that varied by delay to delivery. We demonstrate that two separate systems are involved in such decisions. Parts of the limbic system associated with the midbrain dopamine system, including paralimbic cortex, are preferentially activated by decisions involving immediately available rewards. In contrast, regions of the lateral prefrontal cortex and posterior parietal cortex are engaged uniformly by intertemporal choices irrespective of delay. Furthermore, the relative engagement of the two systems is directly associated with subjects' choices, with greater relative fronto-parietal activity when subjects choose longer term options."

Es sind vier Charakteristika, die derartige Arbeiten gegenüber den vorschnellen Nutzwert-Experimenten auszeichnen: Erstens sind alle Begriffe klar definiert und theoretisch begründet. Bossaert gibt seiner Leserschaft zum Beispiel eine eindeutige Definition dessen, was er unter Risiko versteht. Zweitens werden auch unerwartete Beobachtungen beim fMRI beschrieben, aufgrund derer sich Zweifel an den Ergebnissen einstellen könnten. Im Zuge dieser Experimente neigen Menschen etwa zur Gewöhnung an eigentlich völlig ungewöhnliche Umgebungen (immerhin liegen sie ja in einer Röhre) und spielerischen Übertreibungen.

Drittens schließlich zielt diese Art der Neuroökonomie auf grundsätzliche Fragen des Umgangs von Menschen mit Ungewissheit. Das Ziel dieser Forschung wird viertens unabhängig vom ökonomischen Ertrag definiert: „From a constructive point of view, the goal of the research agenda is to determine how the brain manages to navigate an open-ended, uncertain world, something it manages to do with reasonable to great success. Standard decision theory, in contrast, works only in well-delineated problems. Once the mechanics of the brain are understood, it is hoped that decision theory can be re-inspired, to obtain a new form of artificial intelligence, one that works in an unstructured environment."

Das, was aber im Management als „Neuroökonomie" ankommt, hat nur eine entfernte Ähnlichkeit mit dieser Art von Forschung, weil der Nutzwertaspekt schon die Fragestellung leitet. Und die lautet nicht einmal vorsichtig: Was kann ich aus den Befunden für das Management lernen? Sie dreht die Zielbestimmung einfach um und fängt vom Ende her an: Wie kann es gelingen, Markenpräferenzen im Kopf zu verankern? Aus der Betrachtung grundsätzlicher mentaler Aktivitäten des Menschen vor dem Hintergrund moderner wirtschaftlicher Fragen verengt sich die Perspektive auf eine Art Neo-Behaviorismus durch stromlinienförmige Anpassung von Werbebotschaften, Designs, Gerüchen, Lauten, Outlets an messbare Reaktionen im Gehirn.

Natürlich sind die Finanziers (vor allem Großkonzerne) auch nicht so naiv, ganz und gar auf vordergründige Versprechungen eines eiligst etablierten neuen Beratungs-Genres zu setzen. Hoffnung schöpfen sie aus den wissenschaftlichen Publikationen seriöser Forscher, die sich nicht selten ins Niemandsland zwischen Grundlagenforschung und Kommerzorientierung vorwagen. Sie wären ja – um es einmal aus dieser Perspektive zu betrachten – blöd, wenn sie die Konjunktur derartiger Faszinationen nicht nutzen würden, um Forschungsgelder zu akquirieren. Damit bin ich nun endlich bei dem schon mehrfach angedeuteten Cola-Experiment, das nach übereinstimmender Einschätzung der Fachleute die Neuroökonomie begründet hat.

Read Montague und Samuel McClure und einige ihrer Kolleginnen und Kollegen, allesamt Neurobiologen, unterzogen 2004 am texanischen Baylor College of Medicine 67 Probanden (38 Männern und 29 Frauen) zwischen 19 und 50 Jahren beim Test von Coca-Cola und Pepsi- Cola einer Messung ihrer Hirnaktivitäten in einem Scanner. Das Ergebnis zeigte: Wenn ein Proband Pepsi trinkt, ohne es zu wissen, wird sein Belohnungszentrum im Gehirn aktiviert; wenn er es weiß, nicht. Denn dann vermisse er Coca-Cola, weil Coca-Cola, so der Befund, auf Grund des höheren Marken-Images das Selbstwertgefühl hebe. Ob die Tatsache, dass die Cola-Getränke „decarbonated" waren, damit sie besser durch die Schläuche rinnen konnten, die zu den Probanden im Kernspintomografen führten, eine Rolle spielte, kann ich nicht beurteilen – ich weiß nur, dass ich freiwillig keine Cola, egal ob Pepsi oder Coke, ohne Kohlensäure konsumieren würde. Vermutlich würde irgendeine Gehirnregion mächtig meutern. Wichtiger ist aber, dass die Forscher ethische Bedenken von Konsumkritikern zerstreuten und betonten, an aktuellen Marketingfragen grundsätzliche Erkenntnisse über das menschliche Handeln zu studieren: „We are not trying to figure out how to market something better", reagierte Montague auf die ersten geradezu hysterischen Reaktionen, die seiner Publikation folgten. „We want to be able to better understand how brains work so that we can hopefully cure more neurological disorders."

Die wesentliche Einsicht dieses Experiments war zwar eine ganz andere, als von den Protagonisten des Neuromarketings referiert. Das Kernergebnis dieses am 14. Oktober 2004 in der Fachzeitschrift *Neuron* veröffentlichten Tests bestätigte, dass die gemessene Präferenz für eines der Getränke das Resultat eines kulturellen Lernprozesses war. Selbst der Titel des Forschungsberichts weist pointiert darauf hin: „Neural Correlates of Behavioral Preference for *Culturally Familiar* Drinks." (Hervorhebung von mir.) Der definitive Hinweis der Forscher auf diese Tatsache verhinderte nicht, dass sich flugs die neue Teildisziplin etablierte und mit bunten Bildern bunte Hoffnungen auf unmittelbare Beeinflussung des Gehirns durch gezielte Impulse nährte.

Ein weiteres hübsches und nebenbei lesenswertes Beispiel für einen solchen Ausflug in die Praxis liefert Marco Iacoboni. Zunächst ein paar Worte zu seiner Arbeit: Iacoboni ist Director eines Labors mit dem faszinierenden Namen Transcranial Magnetic Stimulation Laboratory of the Ahmanson-Lovelace Brain Mapping Center und ist auf die Erforschung jener von Giacomo Rizzolati an der Universität von Parma im Jahre 1995 entdeckten „Spiegelneuronen" spezialisiert. Das sind Zellen im vorderen Gehirn, die reagieren, wenn anderen Menschen etwas zustößt oder man ihre Bewegungen nachvollzieht. Man nennt sie auch die „Empathie"- oder „Dalai-Lama"-Neuronen. Offensichtlich sind die Aktivitäten in diesem Areal des Gehirns die Grundlage dafür, dass Menschen sich verstehen, sich in andere einfühlen können, dass sie überhaupt in der Lage sind, miteinander eine sinnvolle Kultur aufzubauen. Die Forschung zu diesen „Mirror Neurons" ist ebenso breit gespannt wie die zu ökonomischen Fragen. Sie reicht von der Frage, warum trotz dieser grundsätzlich auf Empathie und Altruismus programmierten Gehirnareale Menschen sich in vielen Fällen destruktiv, betrügerisch oder gar feindlich verhalten, bis hin zum aktuellen Problem der Wirkung von Gewaltdarstellungen in Medien und Computerspielen. Wie es aussieht, sind die Nachrichten für die Liebhaber derartiger Darbietungen nicht besonders erbaulich. Auch diese Untersuchungen werden in der Regel mit dem fMRI durchgeführt, so auch Iacobonis ebenso praxisnahe wie originelle Idee, einmal zu sehen, was im Kopf von Versuchspersonen geschieht, die sich die Anzeigen im Rahmen der Übertragung des Super-Bowls der National Football League 2005 anschauen. Who really won the Superbowl?

Um diese Frage beantworten zu können, führte man im UCLA Brain Mapping Center „fünf gesunden Freiwilligen" die Super-Bowl Ads vor und befragte die Probanden anschließend, was sie von den Werbungen hielten. Der „Gewinner-Spot" war eine Disney-Werbung, die eine Menge positive Markierungen irgendwo an wichtigen Stellen im Gehirn hinterließ. Je heftiger die Reaktionen waren, desto erfolgreicher wurde der Spot eingestuft. In den anschließenden Befragungen zeigten sich allerdings weniger deutliche Ergebnisse – manchmal auch abweichende. „For instance, female subjects may give verbally very low ‚grades' to ads using actresses in sexy roles, but their mirror neuron areas seem to fire up quite a bit, suggesting some form of identification and empathy." Es gab eine Reihe solcher Widersprüche zwischen den Bekundungen bestimmter Gefühle und den Aufzeichnungen im Scanner. Leider wies Iacobonis Auswahl keine Cola-Spots auf. Sonst hätte man ja die Versuche von Montague und Kollegen ergänzen und vielleicht einige offene Fragen beantworten können – zum Beispiel die, warum wissentlich Abermillionen von Menschen weltweit Pepsi-Cola trinken.

Diese Frage wurde auch im Originalexperiment nicht gestellt.

Doch die Faszination solcher Versuchsanlagen, hervorgerufen durch die öffentliche Aufmerksamkeit und mehr noch durch die Aufmerksamkeit von Finanziers, motiviert viele Menschen, auch in die Neuroökonomie einzusteigen – zumindest ihr neurologisches Hauptprogramm um derlei Dinge zu ergänzen. Damit keine Missverständnisse entstehen: Es ist hoch interessant, wenn seriöse Forscher nebenbei einmal in die Warenwelt schauen, die ja immerhin auch eine Konstruktion des menschlichen Gehirns ist. Doch das Experiment mit den Cola-Sorten machte Schule in seiner simpelsten Form. Meist fehlt jede soziologische Differenzierung nach Regionen, Milieus, Schichten, kollektiven Biografien, auch Lebensalter und Geschlecht. Hinter diesem Defizit versteckt sich eine unausgesprochene These: Was man im Gehirn eines Menschen misst, eröffnet einen Blick auf die Logik des menschlichen Verhaltens generell.

Man jubelt, bevor schon überhaupt tiefer gehende Erkenntnisse erarbeitet worden sind, und übergeht die Motive der unabhängigen an ökonomischen Fragen interessierten Neurowissenschaft, die sich allerdings auch sehr nah am akademischen Sündenfall bewegt. Denn die magischen Formeln sind ausgesprochen, die Finanziers auf den Plan rufen: „Kauf-Knopf", „Schalter" im Gehirn. „Das Rätsel Kunde wird gelöst", verheißt eine Rezension von Hans-Georg Häusels Buch „Limbic Map" auf der so genannten Competence-Site, garniert mit einem Testkapitel: „Was man tun kann, damit Kunden kaufen."

Optische Täuschungen:
Bunte Bilder als Illusionen des Geistes

Selbst Ärzte lassen sich von der wunderbaren neuen Welt der passgenauen Werbung faszinieren. Christine Born und Thomas Meindl vom Institut für Klinische Radiologie der Ludwig-Maximilians-Universität München schwärmen zum Beispiel von neuen Möglichkeiten: „Über unserer Forschung steht die Vision, die Bedürfnisse der Menschen besser zu verstehen und Märkte zu schaffen, die stärker auf die Befriedigung dieser Bedürfnisse abzielen." Auf diese Weise könne man vielleicht zu einer Steigerung der Lebensqualität beitragen. Auch im Direktmarketing halte die Hirnforschung Einzug. So soll eine Testreihe der Deutschen Post und des Siegfried Vögele-Instituts in Zusammenarbeit mit dem Bonner Neuro-Wissenschaftler und Epilepsie-Experten Christian Elger zeigen, ob und wie unterschiedliche Katalog- und Mailing-

Formen das Gedächtnis der Konsumenten beeinflussen. Elger hat als einer der umtriebigsten Protagonisten dieses Forschungszweiges im Jahr 2000 das „Jahrzehnt der Hirnforschung" ausgerufen. Er hofft dringlich auf Sponsoring durch die Großindustrie. Doch was sind die Erträge für die Wirtschaftspraxis? Sind für das Marketing ebenso tiefgreifende Einsichten zu erwarten wie für die Heilung von Epilepsie oder Autismus oder Alzheimer und Schizophrenie?

Noch hören sich die Interpretationen, die aus diesen und ungezählten anderen Experimenten destilliert werden, höchst trivial an: „Attraktive Marken scheinen also mehr mit Träumen an Prestigeobjekte zu tun zu haben und die Fantasie anzuregen, während Produkte von Marken, die man wirklich kaufen würde, deutlich rationaler wahrgenommen werden", schreibt, in einem Kommentar zur Cola-Studie, der Soziologe Michael Schaefer, der an der Universität Magdeburg im Center for Advanced Imaging arbeitet. Ein weiteres Revolutiönchen verkündet die Netzeitung telepolis nach einem Entscheidungsexperiment. Nämlich: „dass dann, wenn der Kunde eine Ware prinzipiell haben will und schon einmal in den Prozess des Abwägens eingetreten ist, er mehr oder weniger schon zum Kauf neigt, sofern er das Geld zur Verfügung hat und nichts Dringendes benötigt wird. … Die Studie zeige hingegen, dass die Konsumenten die unmittelbare Befriedigung mit dem unmittelbaren ‚Schmerz' abwägen, das Geld für das Produkt zu verschwenden. Für Besitzer einer Kreditkarte werde dieser durch die Inselrinde repräsentierte Schmerz geringer, weil sie das Gefühl haben, dass sie das Produkt nicht gleich kaufen, da zwar die Kreditkarte belastet wird, aber die Zahlung vom eigenen Konto erst später und hinter ihrem Rücken erfolgt. Weil man dann also schneller zuschlägt, würden die Menschen auch eher dazu neigen, mehr Geld auszugeben, als sie haben."

Dass dabei so bahnbrechende Ratschläge zutage gefördert werden wie die Aktivierung der positiven Hirnregionen durch Schnäppchen und die Auszeichnung von Waren durch Preise, die auf 0,99

Euro enden, provoziert verwundertes Kopfschütteln (vermutlich als Folge der Aktivierung eines Irritationszentrums im Kopf: das wusste man ja schon vorher, alles).

Auch die tiefe Einsicht, dass Managerentscheidungen, die mit „Bauchschmerzen verbunden" seien, aus motivationspsychologischer Sicht „immer suboptimal abgestützt" seien (so der Wirtschaftspublizist Hartmut Volk im FAZ.Net), kann wohl kaum die begeisterte Feststellung des Münsteraner Neuroökonomen Peter Kenning legitimieren, dass „in vielfältiger Hinsicht Zeit zum Umdenken" sei.

Diese Behauptung lässt sich auch durch eine ausgedehnte Tour d'Horizon durch die einschlägige Forschungslandschaft nicht belegen, auch wenn sie ständig wiederholt wird. „Unsere Ergebnisse zeigen an, dass wohl so manche Werbeweisheit über Bord geworfen werden muss", wird in *Spiegel-online* Christian Hoppe, Mitarbeiter der Life & Bain GmbH, zitiert, der sich allerdings nicht genau darüber auslässt, was nun erforscht wird. Beim Beratungsunternehmen Mediaanalyzer schwöre man, berichtet ebenfalls *Spiegel-online*, ebenfalls auf die Erkenntnisse der jungen Disziplin. Aus den bisherigen Forschungsergebnissen und verschiedenen anderen psychologischen und soziologischen Erkenntnissen hat Agenturbetreiber Christian Scheier eine eigene Methodik erstellt, nach der Kunden wie L'Oréal oder Johnson & Johnson beraten werden. Statt des Kernspintomografen bediene sich Scheier dabei der Computermaus: Wenn jemand vor dem Rechnerbildschirm sitzt, flitze der Zeiger automatisch auf die Stelle, die als Erstes Aufmerksamkeit auf sich zieht, sagt er. Daraus lasse sich „viel ableiten". Dennoch lautet das Fazit, formuliert vom Marketing-Berater Christian Rothe: „Dem Marketing steht mit der Hirnforschung ein weiteres Mittel zur Optimierung von Maßnahmen zur Verfügung. Diese kann zu einem besseren Verständnis des Konsumenten beitragen, da viele Mechanismen der Kaufentscheidung mit den neuen Methoden besser erklärt werden können."

Inspiriert durch die normative Kraft des Faktischen – und weniger durch eine kritische Recherche – reagierte auch ein Teil des Wirtschaftsjournalismus in Deutschland begeistert. Die Wochenzeitschrift *impulse* beispielsweise widmete der „neuen" Disziplin einen optimistischen Beitrag, in dem Hans-Georg Häusel erläuterte, wie „Chefs von der Neuroökonomie profitieren". Und wieder weht den Betrachter der Eindruck einer aufgebauschten Trivialität an. Man solle, sagt der Berater, im Marketing Emotionen ansprechen, positiv kommunizieren, fair bleiben und Komplexität vermeiden. Zur Differenzierung entwarf er eine „Typologie", deren nähere Beschreibung hier überflüssig ist, weil sie auch nichts Neues beinhaltet. Dennoch, der Titel „Neuroökonomie" stempelt ihre Protagonisten zu „Pionieren", die, wie das Blatt schreibt, „hochnützliche Erkenntnisse für Unternehmer zutage" fördern.

Mit Hirnströmen zu messen, was Menschen zum Kauf bewegt, das Gehirn als eine Art selbsttätiges Organ anzusehen, mit dem man das Bewusstsein umgehen kann: Begriffe und Versprechen dieser Art sind zwar nur feuilletonistische Verkürzungen – wenn nicht Verfälschungen – dessen, was die Neurowissenschaften zutage fördern, aber sie wirken und verschaffen denen, die sie formulieren, eine praktische Reputation – und Geld. „Wir haben", verspricht zum Beispiel der Psychologe Clotaire Rapaille, der seit 30 Jahren Konzerne wie Nestlé oder GM bei der Vermarktung von Produkten berät, „einen Reptilienschalter entdeckt, auf den jede Frau in der Welt reagiert". Nach seiner Auffassung muss ein Konzern nur den kulturellen Code seines Marktes begreifen. Und er fügt gleich an, dass die Marktforschung sich zu sehr vom Kortex her definiere. Er glaube, fährt Rapaille fort, dass der Mensch „eine Marionette seines Reptiliengehirns" sei. Kortex ist werbetechnisch eher nicht so gut.

Wie bei der Hoffnung, mit Hilfe von fMRI „das" menschliche Gehirn als solches zu enträtseln (und zum Konsumorgan umzufunktionieren), liefert Rapaille, höchst erfolgreich, schlichte Kalenderweisheiten: „My theory is very simple: The reptilian always wins. I don't care what you're going to tell me intellectually. I don't care. Give me the reptilian. Why? Because the reptilian always wins." Ein Unternehmen, meint Rapaille, das sich auf den Verstand des Menschen bezieht, habe schon verloren. „If you don't have a reptilian hot button, then you have to deal with the cortex; you have to work on price issues and stuff like that." Damit seine Theorie jedem auch recht verständlich wird, illustriert Rapaille sie an einem Auto. „The Hummer is a car with a strong identity. It's a car in a uniform. I told them, put four stars on the shoulder of the Hummer, you will sell better. If you look at the campaign, brilliant. I have no credit for it, just so you know, but brilliant. They say: ‚You give us the money, we give you the car, nobody gets hurt.' I love it! It's like the mafia speaking to you. For women, they say it's a new way to scare men. Wow. And women love the Hummer. They're not telling you: ‚Buy a Hummer because you get better gas mileage.' You don't. This is cortex things. They address your reptilian brain." Dies sagt der wohl doch sehr vom Kortex geprägte Hirnforscher Rapaille und freut sich über seine Mafia-Metapher.

Aufgebauschte Revolution:
Die wiederentdeckte Sozialpsychologie

Unverkennbar wiederholt sich ein Prozess, den aufmerksame Beobachter der Beraterszene schon aus der Trendforschung kennen: Die als revolutionär etikettierten Befunde über die Entscheidungsprozesse stellen nichts anderes dar als die Bestätigung uralter Einsichten mit neuen Worten (beziehungsweise: Bildern). Wie in der Trendforschung, die bislang die Marketingrepräsentanten mit Utopien versorgte, werden hier die simpelsten Bestätigungen des Common Sense und der klassischen Sozialpsychologie als Meilensteine auf dem Weg in eine glänzenden Zukunft gefeiert. Und wie in diesen vorangegangenen Moden häufen sich auch auf diesem

Gebiet die optimistischen Prognosen: Die Neuroökonomie stehe erst „ganz am Anfang". Insofern sind selbst die Trivialitäten, die man diesem Hirn abgerungen hat, bemerkenswert. „Spannend ist jedoch nicht nur", schreibt Schaefer, „was Neuromarketing momentan zu leisten imstande ist. Faszinierend ist vielmehr, was neuroökonomische Ansätze in Zukunft leisten könnten." Mit anderen Worten: Hoffnung ersetzt die belegbare Prognose.

Die Befunde wirken dennoch so glaubwürdig, weil sie der typischen Strategie der Konfabulation folgen: Einzelne Bestandteile eines behaupteten Zusammenhangs sind empirisch unzweifelhaft. Mit ihnen verknüpft man nun weitläufige und unbewiesene Mutmaßungen, die auf der Grundlage der unzweifelhaften Daten plausibel erscheinen. Man folgt dieser Argumentationslinie gern, weil sie viel versprechend klingt – und zwar deshalb, weil ihre Protagonisten viel versprechen. Was also an Hirnaktivitäten gemessen wird, während Menschen ein Marken-Logo sehen, ist objektiv messbar. Aber schon die erste Interpretation ist zweifelhaft: Die Aktivierung bestimmter Zentren, die für angenehme Gefühle stehen, bedeutet nicht zwangsläufig auch Konsumbereitschaft.

Das ist die eine fragliche Prämisse.

Es gibt eine zweite und die resultiert aus einer wirtschaftswissenschaftlich verkürzten Weltsicht, die von der Annahme des rational handelnden Menschen ausgeht – vom Homo oeconomicus. In dieser gestrigen Theorienwelt der neoklassischen Wirtschaftswissenschaft galt, dass der Homo oeconomicus rational entscheide. Auf dieser Grundlage ließen sich dann schöne Berechnungen anstellen, die junge Studierende als Formelwerke internalisierten. Die Annahme ist längst widerlegt und tausendfach in Forschungen ad absurdum geführt worden. Das hält bekannte Repräsentanten des Neuro-Consultings aber nicht davon ab, diese Weisheit als neu zu verkaufen. Endlich werde – wie zum Beispiel Hans-Georg Häusel freudig berichtet – durch die Neuroökonomie bewiesen, dass der Mensch in seinen Kaufentscheidungen vorwiegend von Gefühlen gesteuert sei! Und wieder sind es nicht nur die Gurus, die mit dieser künstlichen Sensation hausieren. Auch renommierte

Wissenschaftler benutzen werbeträchtig die vorgebliche Überwindung dieser Prämisse des wirtschaftswissenschaftlichen Autismus. Colin F. Camerer berichtet in den enthusiastischen Begründungen seiner neurophysiologischen Messungen angesichts ökonomischer Dilemmata in seinem Laboratorium (ebenfalls im CalTech) stolz davon, dass die alten Annahmen der Wirtschaftswissenschaft – eben dieser Rational-Choice-Theorie – durch die Blicke ins Gehirn obsolet geworden seien.

Das ist ungefähr so überraschend, wie wenn jemand in Frankfurt aus dem Interkontinental-Jet aussteigt und in einem Interview zu Protokoll gibt, dass er eben Amerika entdeckt habe. Selbst Studenten im Grundstudium halten diese Begründungen für verwunderlich, immerhin gehört (jedenfalls in meinen Seminaren zum Marketing) seit Jahren die emotionspsychologische Literatur zur Pflichtlektüre. Nur ein paar Hinweise, die auch den Protagonisten der Neuro-Ökonomie bekannt sein sollten: Da ist zum Beispiel der wunderbare Aufsatz von Robert Zajonc, 1980 im American Psychologist erschienen: Feeling and Thinking: Preferences Need No Inferences. Die Bedeutung der Gefühle für ökonomische Entscheidungen und mithin also für das Marketing ist in den letzten Jahrzehnten durch die Forschungen von Antonio Damasio („Ich fühle, also bin ich"), davor schon in den 70er Jahren durch Luc Ciompi („Affektlogik"), Michael Ray („Hierarchy of Effects"), dann vor einem knappen Jahrzehnt wieder durch Daniel Goleman („Emotionale Intelligenz") und viele andere auch ohne den Einsatz von Apparaten nachgewiesen worden. Man sollte sich auch an einen wichtigen Satz von Joseph Schumpeter erinnern, der bereits vor knapp hundert Jahren programmatisch formulierte: „Niemals ist eine Tatsache bis in ihre letzten Gründe ausschließlich oder ‚rein' wirtschaftlich, stets gibt es noch andere – und oft wichtigere – Seiten daran. Trotzdem sprechen wir in der Wissenschaft ebenso von wirtschaftlichen Tatsachen wie im gewöhnlichen Leben und mit demselben Rechte."

Aber selbst was die gegenwärtige Wirtschaftswissenschaft (und mithin die Ausbildung der jungen Managerinnen und Manager) betrifft, wäre an renommierte Testimonials zu erinnern, die den von Neuroökonomen opportun inszenierten Autismus einer auf rein vernunftbegründete Entscheidungen gerichteten Ökonomie längst wortmächtig kritisiert haben. Ich will hier nur auf einen Vortrag aufmerksam machen – „Thinking and Feeling" –, gehalten vom Wirtschaftswissenschafts-Star Paul Romer am Freitag, dem 5. März 1999, in einem Hörsaal der Stanford Economics and Graduate School of Business. Vielleicht hängen sich die Vertreter einer doch sehr reduzierten Sicht auf die moderne Ökonomie den letzten Satz über ihren Schreibtisch: „Thoughts have instrumental value for people, but feelings have intrinsic value. Economics will not lose all of its scientific content if we admit that people actually have feelings."

Dass die Neuroökonomie eine Revolution darstelle, ist nichts als Reklame einer offensichtlich verspäteten Gruppe aus Forschern und ihren Kunden, die die letzten zwanzig Jahre der kognitions- und emotionspsychologischen Marktforschung und Marketingwissen- schaft verdrängt haben und die gleichzeitig die sich abzeichnende hochdifferenzierte Aufgabenstellung der Neurowissenschaften auf einer trivialen Ebene mit Sicherheitskonzepten für das Manage- ment auf Verkäuflichkeit zurechtstutzen. „Ein wahrer ‚Neuro- Hype' ist entstanden", schreibt Christian Scheler, Manager und Werbepsychologe, in einer Bestandsaufnahme im Focus Jahrbuch Marketing 2006, ein irreführender Hype (um beim Wort zu blei- ben), weil selbst, wenn die Befunde zu Coca-Cola oder Disney Spots, zu Post-Mailings, die der menschlichen Gedächtnisleistung entsprechend ausgerichtet sind oder zur Repräsentation von lila Kühen in Kinderköpfen, tatsächlich auf eine kausale Verknüpfung hinwiesen, was sie nicht tun, daraus keinerlei allgemeinverbindli- che Strategien abzuleiten sind. Und was die weitergehenden An- wendungsgebiete betrifft, deren Vertreter schon freudig auf die ersten Messungen der Gehirnaktivitäten für ihre Belange warten – die Personaler etwa –, geben sich die unabhängigen Fachleute ebenfalls sehr zurückhaltend: „Als Wissenschaftler, der in diesem Bereich tätig ist", warnt der Leiter des Center for Cognitive Neuroscience am Dartmouth College, Michael Gazzaniga, „muss ich Ihnen aber leider sagen, dass die Neurowissenschaft nicht das Allheilmittel ist, als das sie erscheinen mag. Sie werden anhand der Computerbilder vom Hirn nicht sehen, ob Ihr Forschungsleiter gerade eine bahnbrechende Idee hatte. Sie werden damit auch nicht in der Lage sein, den richtigen CEO auszuwählen." Um zu verstehen, welche komplizierten Prozesse zu bewältigen wären, schreibt Gazzaniga weiter, müsse ja ins Kalkül gezogen werden, dass Menschen immer in einem Netzwerk mit anderen Personen arbeiten und nur in diesen Konstellationen kalkulierbarer, aber auch spontaner wechselseitiger Reaktionen aufeinander ihr Erfolg zustande kommt. Die Neurowissenschaft müsste also eine Art Koordinationssystem zwischen allen an diesen sozialen Prozessen beteiligten Hirnen entwickeln, wobei noch dazukommt, dass Hirnaktivitäten bei unterschiedlichen Menschen trotz identischer Stimuli sehr unterschiedlich sind. „Ich kann zwar das Bedürfnis verstehen", schließt Gazzaniga, „das Gebiet des Managements empirisch besser zu fundieren. Aber das Streben nach Sicherheit kann auch dazu führen, die Intuition zu entwerten, die Manager traditionell bei Entscheidungen leitet."

Auch viele Praktiker bleiben skeptisch. Walther Kraft, Chef-Planer bei 141 Worldwide, kommt zu dem Ergebnis, zu dem international auch unabhängige Wissenschaftler kommen. „Die Interpretation dieser Messwerte ist nur sinnvoll, wenn man die komplexen Erklärungsmuster aus Psychologie und Soziologie einbezieht, die man durch die schöne neue Welt des Neuromarketings eigentlich hinter sich glaubte. Den Kauf-Knopf im Kopf des Verbrauchers, den man nur finden und betätigen müsste, gibt es nicht. In den USA ist das Thema Neuromarketing bereits passé. Nur bei uns wird es noch hochgekocht."

Die Attraktivität der Befunde resultiert also letztlich aus dem Trugschluss der Anwender, mit dem System eine Lösung erworben zu haben. Im Umkehrschluss aber wird systematisch der Eindruck genährt, man könne das wirtschaftliche Handeln von Menschen experimentell isolieren. Man gibt sich damit selber das Versprechen, eine „tolle Bewältigungsstrategie" (Hüther) für bislang recht schwierige Marketingprobleme gefunden zu haben. Die sektorale Intelligenz, der korporativ gezähmte Geist, gerät in eine Bestätigungsspirale. Statt abzuwarten, was denn diese faszinierende Wissenschaft an gesicherten Erkenntnissen über die Gehirnaktivitäten erarbeitet, gibt man Forschungsgruppen die Ergebnisse vor und sortiert die Befunde nach Opportunität. Aber wenn einer käme und diese einmal gefundene tolle Bewältigungsstrategie wieder in Frage stelle, sagte Gerald Hüther in einem Vortrag zum 100. Geburtstag Viktor Frankls, „ist klar, was passiert: Dann müssen sie zurück in die Angst. Und dort will keiner hin. Die meisten Menschen, denen man versucht, ihre Strategie wegzunehmen, halten daran fest. Sie haben ja nichts anderes. … Das Hirn könnte sich schon ändern, aber aus diesem Muster kommt man nicht wieder raus."

5. Verführerische Köder der Best-Practice-Falle

Dass man von einem Fall auf alle Fälle schließen kann, hat in der Wirtschaftspraxis einen Begriff: Best Practice. Best Practice ist eine wunderbare Erfindung, um ein Prinzip, das nur mit sehr viel abstrakten Worten beschrieben werden könnte, anhand eines konkreten Falles zu veranschaulichen, der repräsentativ für die zu veranschaulichenden Prinzipien steht. In der herrschenden Praxis der Nutzung von Best Practices aber wird der Vorgang in der Regel, wie schon in den Showprojekten der Neuroökonomie, völlig umgedreht. Ein sehr oft zufällig und damit willkürlich ausgewähltes Beispiel wird zum Ausgangspunkt eines Prinzips. Das ist das Gegenteil geistiger Bewältigung eines Problems. Dieser seltsamen Praxis gehen denn auch Wissenschaftler nach, und sie haben keine guten Nachrichten für die Liebhaber dieser sektoralen Einsichten. Viele Unternehmen, die nach den Prinzipien gefeierter Best Practices gearbeitet haben, gibt es nicht mehr, weil sie gescheitert sind. Sie kommen daher auch in der Literatur nicht vor. Das führt in eine Falle. Die sektorale Intelligenz blendet diese Beispiele aus und ignoriert damit die Prinzipien kommunikativer Prüfung einer Annahme zugunsten der für die sektorale Intelligenz typischen Opportunität. Erst eine ganzheitliche Auseinandersetzung mit den Entstehungsbedingungen und Besonderheiten der Beispiele würde ihre Potenziale enthüllen. Doch die Kommunikation erschöpft sich oft in der wechselseitigen Bestätigung der sektoralen Intelligenz, und dies in eng umgrenzten Horizonten.

Gesuchtes Vorbild:
Der beispielhafte Fall für alle Fälle

Eine Fraktion der Neurowissenschaften tendiert also zu einem Verfahren, das eine andere Fraktion mit Hilfe der Neurowissenschaft erläutert. Eine sehr unterhaltsame Situation entsteht: Die einen dokumentieren, wie diese wunderbare Maschinerie, das Gehirn, vordergründig kausale Erklärungen für höchst komplizierte Zusammenhänge bastelt, während die anderen die Methoden der Neurowissenschaften dazu benutzen, genau das zu tun. Die Methoden sind anwendungsoffen. Sie lassen sich dazu verwenden, die grundsätzlichen Reaktionsmuster von Menschen auf Unsicherheit zu messen und zusammen mit genetischen und evolutionsbiologischen Einsichten zu einem tieferen Verständnis der Entstehung von Alltagskultur zu nutzen. Sie lassen sich aber auch als Techniken pragmatischer Spielchen verwenden. Read Montague mit seiner Cola-Studie, Marco Iacoboni mit seinen NFL-Werbespot-Experimenten und die anderen, deren Arbeiten hier beschrieben worden sind, zeigen das sehr anschaulich. Was im Gedächtnis bleibt, sind diese Kleinexperimente. Sie sind es schon deshalb, weil sie sich mit allgemeinen Produkten befassen, die weithin genutzt werden und daher große Aufmerksamkeit erzeugen. Wer trinkt jetzt noch Pepsi, ohne sich Gedanken um seine Hirnströme zu machen? Wer spielt noch „Mensch ärgere dich nicht", ohne an die Hirnstrommessungen beim Ultimatum-Spiel zu denken?

Diese Experimente sorgen für Prominenz, sie sind die Best Practices, die es nachzuahmen gilt, wenn man selber forscherische Prominenz anstrebt. So werden Modelle konzipiert, die irgendwie plausibel sind – etwa die „Logik" der Finanzmärkte oder die „Verhaltensmuster" in bestimmten Konsumentenmilieus oder konzeptionelle Modelle des Unternehmenswachstums – bis hin zur geradezu abergläubischen Versprechung, Zukünfte vorhersagen zu können. Praxisorientierte Forscher und Forscherinnen aus den Sozial- und Wirtschaftswissenschaften und ihre Kollegen aus den Neurowissenschaften und der Ethnologie zeigen in nahezu frappierender Übereinstimmung, dass diese Reduktionen auf Systeme, Modelle, Konzepte, Moden, Kennzahl-Karten und naturwissenschaftlich fundierte Gesetzmäßigkeiten der Märkte nichts als Produkte eines genau auf diese Konzepte gerichteten Lernens sind. Sie sind Kopfgeburten eines gemeinschaftlichen Versuches, den Alltag sinnvoll zu bewältigen. Je plausibler sie sich geben, desto hartnäckiger wird an sie geglaubt. Und wenn sie die Aura der Wissenschaftlichkeit für sich beanspruchen können, werden auch kleine Beispiele zu Ausdrucksformen großer Prinzipien.

Wie schon gesagt: Ob sie „logisch" sind im Sinne einer Wahrheit, ist völlig unerheblich. Das menschliche Gehirn konstruiert Systeme, ohne die ein Leben undenkbar ist. Es konstruiert Kultur, tausendfach unterschiedlich und doch immer wieder auf die Lösungen universeller Probleme ausgerichtet: Alltag, Leben, Partnerwahl, Wärme, Essen, Trinken, Kindererziehung, Altern, Krankheit, Tod. Einen illustrativen Einblick in die unfassbar vielfältigen Ausgestaltungen Hunderter von Kulturen, ihres Alltags, ihrer Wirtschaft, liefern die „Human Relations Area Files" der Yale University. Überall Konzepte, Sitten, Gebräuche, Regeln, Normen, Werte, Metaphern, Mythen und Modelle. Sie müssen funktionieren, geschmeidig, Sicherheit vermittelnd, berechenbar. Wollte man das wirkliche Ausmaß der Entwicklungen in der globalisierten Welt begreifen, würde das Gehirn an dieser Aufgabe irre werden. Singer warnt: „Die Metaintelligenz, die notwendig wäre, um die Komplexität der jetzt vor unseren Augen sich abspielenden Prozesse zu durchdringen, fehlt. Uns fehlt das Vorstellungsvermögen für die hoch-nichtlineare Dynamik solcher Prozesse, und dann fehlen uns auch die Instrumente, um diese zu steuern. Man kann aus prinzipiellen Gründen in so komplexe Dynamiken nicht wirklich zielführend eingreifen."

Man tut es aber eben doch, wie das vorangehende Kapitel an der Adaption der Neurowissenschaften für eine nutzwertorientierte Ökonomie gezeigt hat und wie weitere Kapitel über die alltägliche Umsetzung in der wirtschaftlichen Praxis noch zeigen werden.

Das Verhalten ist in der Sozialpsychologie von Leon Festinger im Jahre 1951 bereits theoretisch diagnostiziert worden, seitdem in ungezählten Experimenten bestätigt und in einer eindrucksvollen Sammlung von menschlichen Verhaltensstandards zusammengefasst. Es sind Verhaltensweisen, die entweder auf die Stabilisierung des Status quo zielen oder auf die Begründung einer neuen haltbaren Stabilität, die die traditionellen Denkmuster durch ergänzende Elemente anreichert. Das geschieht durch die aktive Suche nach opportunen Informationen zur Legitimation des Verhaltens, durch die Klassifikation unbekannter Elemente auf der Grundlage vorgegebener Systeme, die Umdeutung oder Ignoranz gegenüber Informationen, die nicht ins System passen, oder die opportunistische Sammlung von Beispielen zur anekdotischen Bestätigung des gegebenen Handelns, schließlich, wenn der Veränderungsdruck zu groß wird, durch die Integration vermeintlich bewährter Modelle (also mit Hilfe einer „importierten Stabilität"), nach denen man sich richten kann. Die zusammenfassende Überschrift über dieser Forschungsrichtung lautet: „kognitive Dissonanz-Theorie". Das Prinzip prägt in den letzten Jahren unter dem Begriff „Best Practice" zusehends auch die Managementliteratur.

Best Practice ist eine wunderbare Erfindung, um ein Prinzip, das nur mit sehr viel abstrakten Worten beschrieben werden könnte, anhand eines konkreten Falles zu veranschaulichen, der repräsentativ für die zu veranschaulichenden Prinzipien steht. In der herrschenden Praxis der Nutzung von Best Practices aber wird der Vorgang in der Regel, wie schon in den Showprojekten der Neuroökonomie, völlig umgedreht. Ein sehr oft zufällig und damit willkürlich ausgewähltes Beispiel wird zum Ausgangspunkt eines Prinzips. Dieses Prinzip, das oft dubiose Beratungskonzepte begründet, wird dann wiederum mit weiteren, passenden, Best-Practice-Beispielen belegt, die opportunistisch ausgesucht werden, weil sie passen. Am Ende steht dann eine Publikation, die das Prinzip unter dem Namen des ausgewählten Beispiels verbreitet. Diese gängige Praxis weist gleich zwei schwerwiegende intellektuelle Fehler auf, die Thema dieses Kapitels sind und eine gefährliche Neigung der sektoralen Intelligenz zu vorschnellen Schluss-folgerungen aufweisen. Erstens prüft man nicht, ob mit denselben Konzepten, denselben Strategien andere Unternehmen (und mithin andere Fall-Studien) nicht das Gegenteil beweisen, weil sie geschei-tert sind. Zweitens werden in den Best Practices nur bestimmte Strategien angesprochen, niemals aber die gesamte Unterneh-menswirklichkeit des ausgewählten Falles, also die Geschichte des Unternehmens selbst, die Besonderheiten seiner Mitarbeiterinnen und Mitarbeiter (also des intellektuellen Kapitals), die besonderen Marktgegebenheiten und vieles andere mehr.

So lassen sich oft nicht einmal die Beispiele selber mit den Prinzi-pien prüfen, die die Managementpraxis in allen sonstigen Belan-gen und eindrucksvoll wieder in der Neuroökonomie zur Grundlage ihrer Konzepte erhebt: mit den naturwissenschaftlich-mathematischen Methoden der Messung. In einem zweisemestri-gen Praktikum, das Studierende zum Thema quantitativer und qualitativer Methoden und Techniken der empirischen Forschung absolvieren, haben wir eine Reihe einschlägiger Studien auf diese Grundprinzipien hin geprüft. Noch kann diese Stichprobe keine Repräsentativität beanspruchen, daher bleiben die Befunde also selber anekdotisch. Jedenfalls zeigt sich in einer doch recht großen Stichprobe von etwa vierzig Büchern mit Best Practices, dass zwar bestimmte Unternehmensstrategien ausführlich beschrieben und in nachzuahmende Schritte übersetzt werden, in keinem Fall aber Gegenbeispiele angeführt werden.

Nur wenn diese Prinzipien exakt angewendet würden, wären Best Practices aussagekräftig. Es müsste in jedem einzelnen Fall, der zur Nachahmung empfohlen oder zur Illustration verwendet wird, die Wahrscheinlichkeit erfolgreicher Verbesserungsprozesse statis-tisch nachgewiesen werden. Mit dieser Forderung wird die Argu-mentation vom Kopf auf die Füße gestellt: Das Beispiel eines Unternehmens wäre dann (und nur dann) „Best" Practice (oder auch nur „Good" Practice), wenn es für eine überwiegende Zahl von Unternehmen, die nach demselben Prinzip gearbeitet haben, signifikante positive Veränderungen bei den Parametern gegeben hätte. Das wären zum Beispiel: langfristige Gewinne, nachweisliche Innovation, hervorragende Kundenorientierung, beste Mitarbeiterschulung und -motivation, ausgezeichnete Führung und weitere, jeweils klar definierte Faktoren. Diese Faktoren können auch nicht isoliert betrachtet werden, sondern nur in ihrer Verknüpfung. Ich will später auf diese Arbeitsprinzipien noch einmal zurückkommen, weil sie für die Entwicklung einer Unternehmensstrategie, die sich auf Best Practices gründet, von erheblicher Bedeutung sind. Zunächst aber sollen einige illustrative Beispiele zeigen, wie elegant der Geist der sektoralen Intelligenz funktioniert und dabei manchmal sich selbst hinters Licht führt.

Noch einmal: Best-Practice-Beispiele sind im Prinzip kluge Konstruktionen mit hohem Entlastungswert für Entscheidungen in unsicheren Situationen. Sie befriedigen sowohl die rationalen als auch emotionalen Bedürfnisse: Sie sind einerseits faktisch belegbar, und der Erfolg ist zumindest in diesem einzelnen Fall für die Prinzipien, um die es geht, belegbar. Andererseits schaffen sie ein gutes Gefühl, weil man auf vermeintlich sicherer Grundlage eigene Entscheidungen treffen kann. Voraussetzung ist natürlich, dass nicht nur die Prinzipien erfolgreich übertragen werden können. Auch die Situationen, in denen das Nachvollziehen vonstatten geht, sollten der des Ausgangsbeispiels zumindest ähnlich sein. Es wäre sicher denkbar, ein Best Practice für die „Taktung" von Arbeitsschritten zu suchen und dies nun zur Planungsgrundlage zu erheben, etwa die Navigation von Fertigungsprozessen durch definierte Zeitfenster, in denen ein Arbeitsschritt (maschinell oder von Hand) erfolgt sein muss. Das Verfahren, entwickelt in einem innovativen Unternehmen, könnte für die Maschinenbaubranche oder bei Autoherstellern sicher von großem Nutzen sein. Man wird ihm einen Namen geben – „Lean Management" zum Beispiel oder der „Toyota-Weg", wie es der amerikanische Business-Autor Jeffrey Liker tut.

Überbordende Auswahl:
Beliebige Best Practices für jede Praxis

Das Buch ist 2006 erschienen und erhebt den Anspruch, für sämtliche auch nur erdenklichen Unternehmensformen beispielgebend zu sein. Die Kulisse, in der es seine Rolle spielen will, ist, wie sich nachfolgend noch in Kapitel 6 über die öffentliche Legitimation dieses verkürzten Denkens zeigen wird, das übliche Kontrastprogramm: Veränderung, Komplexität, Unsicherheit. „Aufgrund des verschärften Wettbewerbs in der Automobilbranche drängt die Frage nach den Faktoren dieses Erfolgs immer mehr in den Mittelpunkt. Das Ergebnis von Jeffrey K. Likers Studien ist ein einmaliger Einblick in das zentrale Nervensystem von Toyota. Aus zahlreichen Interviews und eigenen Analysen filtert der Autor die 14 Managementprinzipien heraus, die den Kern des Toyota-Erfolgs ausmachen. Diese Prinzipien untermauert er eindrucksvoll mit einer Fülle von Details und Anekdoten." Vier Fragen stehen zur Beantwortung an: Wie man Geschäftsprozesse nachhaltig beschleunigt. Wie man versteckte Kosten dauerhaft eliminiert. Wie man sich kontinuierlich an veränderte Bedingungen anpasst. Wie man die Unternehmenskultur nachhaltig verbessert.

Augenfällig ist die selbstverständliche und nicht begründete Erweiterung des Anspruchshorizonts von der Automobilindustrie auf die gesamte Wirtschaft: „Wenn jeder Unternehmer seine Firma nach den Grundsätzen dieses Buchs führen und managen würde, ginge es allen viel besser", liest man in der Verlagsankündigung. Derartig gewagte Übertragungen einzelner Strategien auf die gesamte Wirtschaft stellen eine auffällige Parallele zu den neuroökonomischen Thesen dar, auf deren Grundlage die in Experimenten gewonnenen Einzelergebnisse über Stoffwechselprozesse im Gehirn bei Betrachtung eines Marken-Logos gleich ganze Träume von hirntechnisch ausgerichteten Markenstrategien begründen.

Wie würde sich der Anspruch nach universeller Übertragbarkeit in der Praxis ausnehmen? Wie sähe der Toyota-Weg, um beim Beispiel zu bleiben, in einem Dienstleistungsunternehmen aus – immerhin ist dies ja eine der fundamentalen Tendenzen, deren Entdeckung mindestens zwölf verschiedene Trend-Schmieden für sich in Anspruch nehmen und auf dieser Grundlage von tollen neuen, kreativen und individuellen Arbeitsfeldern träumen, Portfolio-Working, Creative Class und dergleichen. Manche Manager träumen anders. Sie träumen, wenn sie Versicherungsunternehmen oder Finanzdienstleister „zukunftsfähig" gestalten, vom „Toyota-Weg", von der Zerlegung der Dienstleistungsangebote in standardisierte und maschinenlesbare Einzelschritte. „Auch unsere Branche produziert – Beratung, Kredite oder Transaktionen", sagt Peter Blatter, Vorstand der Citibank in Deutschland, im Wirtschaftsmagazin Capital. Man müsse sich an der Autobranche orientieren und deren Produktionsprozesse kopieren. Ein Fall, der zu bearbeiten ist, wird nicht mehr in seiner Individualität oder Ganzheit zur Kenntnis genommen, sondern aus der Sicht sektoraler Kennzahlen. Innovation ist nicht mehr die Sache einer risikobetonten Gemeinschaftsarbeit, sondern Ergebnis einer finanzbürokratischen Prozesskette, in der vor allem computerartig arbeitende Individuen im Rahmen vorgegebener Masken Entscheidungspfade abschreiten. Der Prozess der Beschleunigung im Versicherungswesen zum Beispiel bezieht sich in erster Linie auf die Akquisition neuer Kunden. Hier findet der Begriff der Kundenorientierung sein Fundament. „Alles, was nicht den unmittelbaren Kundenkontakt betrifft, lässt sich outsourcen", meint Ron Teerlink, Vorstand für Infrastruktur und Services bei der ABN Amro, ebenfalls in Capital. So meldet die Allianz Leben stolz (und das sicher mit Recht), dass die neue Police nach fünf Tagen (drei für die Ausstellung und zwei für den Versand) beim Kunden sei. Bei der Axa ist bei denen, die bis 12 Uhr eine Anfrage haben, das Angebot um 18 Uhr auf dem Bildschirm. Die schnellere Abwicklung von Schadensregulierungen findet indes weit weniger laute Argumente.

Die Call-Center-Automaten mancher Dienstleister sortieren Kundenanrufe nach Telefonnummern, die auf Wohngebiete und damit die soziale Lage und die finanziellen Möglichkeiten schließen lassen. In der Warteschlange rücken „gute" Nummern nach vorn, also die, deren erste zwei oder drei Ziffern auf reichere Wohngegenden hindeuten. Mitarbeiter werden danach eingestuft, wie viele Kontakte sie mit welchem Ergebnis in welcher Zeit bewältigen, um dann zu einer Verlagerung der Dienstleistung auf den Kunden selber überzugehen und ihm automatisierte Taktungen anzudienen, die er nun in Eigenregie abzuarbeiten hat – an Fahrkartenautomaten, beim Ablesen von Zählern, bei der Deklaration von Umsatzsteuern, bei der Beantwortung maschinell gestellter Fragen zu seinem Anliegen im Call-Center. Ob diese Beispiele repräsentativ sind, kann hier nicht belegt werden. Erste Diplomarbeiten aber beschäftigen sich mit diesen Tendenzen, zumal sich die Industrialisierung und Taylorisierung der Dienstleistungen offenbar auch schon auf die geistige Arbeit im Unternehmen beziehen.

Der Wirtschaftsprofessor Hans Joachim Kujath erläuterte diese Entwicklung mit unverkennbarem Optimismus auf einer Tagung zum Thema „Wissenschaftsförderung in der Wissensgesellschaft", die von der NordLB, dem Niedersächsischen Institut für Wirtschaftsforschung und der Akademie Loccum veranstaltet wurde. In der Wissensökonomie sei eine zunehmende Standardisierung, Systematisierung und Routinisierung der Wissensarbeit notwendig, um dem steigenden Innovationsdruck standzuhalten. Kujath beschrieb drei nach seiner Auffassung unausweichliche Konsequenzen, deren erste sich auf die „Organisation der Wissensarbeit" bezieht und ihre „ökonomische Gestaltung" betrifft. Wissensökonomie bedeutet mithin „Standardisierung und Systematisierung der Wissensarbeit in routinisierbaren organisationalen Prozessen". Die Standardisierung zeigt sich beispielsweise als „Interaktionsstandardisierung in Netzwerkorganisationen", etwa in der Kombination von Telekommunikation und persönlicher Kommunikation bei Geschäftsreisen und Kundenkontakten oder in der Zusammenführung von Kompetenzen unterschiedlicher Wissensträger.

Der Weg der Best Practices aus der Produktion in die intellektuelle Wertschöpfung lässt sich also recht anschaulich nachvollziehen. Interessant sind dabei vor allem zwei Dinge: erstens das oft unkritische Vertrauen in derartige Konzepte und zweitens die Blindheit gegenüber offensichtlichen Widersprüchen. Drittens schließlich, als wichtigster Aspekt, muss die Frage gestellt werden, ob die technischen Innovationen tatsächlich auch die Marktposition (Kundenloyalität, Image etc.) der Anbieter dauerhaft verbessern. Die kurzsichtige Perspektive erfasst nur die Einsparungsmöglichkeiten in der Prozesskette. Was die Transformation der artfremden Best-Practice-Modelle soziokulturell und damit für die emotionale Identifikation der Kunden mit den Unternehmen bedeutet, ist offen.

Eine andere Frage steht noch im Raum: Warum Auto-Industrie? Warum nicht eines der tausend anderen Best Practices? Allein die Vielzahl der konkurrierenden Best Practices zeigt ja schon das Kernproblem: Welcher Weg ist denn nun der richtige? Toyota? Oder doch lieber Wal Mart, wie Robert Miles mit seinem Buch „Wal Mart USA" beansprucht? Es ist eine Anekdote, mehr nicht, allerdings wieder mit einem universellen Anspruch. Der relativiert sich aber weiter, wenn der Chefredakteur der FTD, Steffen Klusmann, in derselben Reihe ein Buch herausgibt, das „Enable – Case Studies" heißt. „Das Kompendium fasst die 16 besten Case Studies des Jahres zusammen und liefert ein Handbuch für Manager, die aus den Erfahrungen anderer lernen wollen, anstelle theoretische Lehrbücher zu wälzen."

Best Practices sind überdies beliebte Gegenstände redaktioneller Planungen, was allerdings zu einer eigenartigen Konsequenz führt – vielleicht auch zu einer gewollten Konsequenz. In der Montags-Serie des *Handelsblatt* über „Familienunternehmen" zum Beispiel werden regelmäßig Beispiele hervorragenden Managements dokumentiert. Einzeln betrachtet, wären sie allesamt wohl Vorbilder für irgendetwas. Doch die Frage, für was, ist nicht zu beantworten, weil sie alle sehr unterschiedlich sind, mal zentralistisch-patriarchal, mal wie bei Gore (Goretex) extrem dezentralisiert und in die Verantwortung eigenständiger Teams gelegt. Oder in einem anderen Beispiel des *Handelsblatt* am selben Tag, unter der Rubrik Mittelstand: Da wird wieder einmal Reinhold Würth gewürdigt, der durch Dezentralisierung, fähiges Führungspersonal und effiziente Kontrolle zum Erfolg gekommen ist, wie er selber ausführt. Ergänzend erfährt die Leserschaft, dass Würth oft seine Außendienstler begleitet und „Ideen und Kreativität" aus dem unmittelbaren Kontakt mit dem Kunden entwickelt. Alles das wird niemand bestreiten, die Frage ist nur, wie ein konkretes Unternehmen, das in einer spezifischen Unternehmensumwelt tätig ist und eine eigene Geschichte aufweist, diese allgemeinen Ratschläge nun in konkretes Handeln umsetzt. Diese Frage wird am Montag, dem 18. September 2006, im analysierenden Kasten zum Beitrag gestellt, und zwar an Rudi Wimmer, Professor an der Universität Witten/Herdecke: „Können andere Unternehmen in dieser Hinsicht etwas von W. L. Gore & Associates lernen?" Die Antwort ist eigentlich unpassend, weil Wimmer sich selber widerspricht, wenn er das Prinzip des Personenbezugs lobt, das aber gerade in diesem Beispiel nur durch die Auflösung des zentralistischen Managements zuungunsten der Verantwortung von Personen auf unteren Ebenen gebrochen wird. Daher passt denn auch das Fazit nicht so recht zum Beispiel, eigentlich bekräftigt Wimmer das Gegenteil – die kommunikative Suche nach einem individuellen Weg: „Firmen müssen ein Klima schaffen, in dem es positiv bewertet wird oder sogar gefordert wird, eingespielte Arbeitsmuster zu stören – etwa durch neue Ideen für Produkte oder zur Veränderung der internen Abläufe."

Es bleibt unbestritten, dass die Erfolgsgeschichten Gore oder Würth – und beide an einem Tag – plausible Anhaltspunkte für kraftvollen Individualismus liefern, ebenso wie viele der 16 Beispiele oder die 101 für das Gegenteil oder auch noch etwas völlig anderes. Welche gelten? Und wann? Was gilt von ihnen? Gelten alle für alle? Und hat sich für alle, die mit den solcherart veranschaulichten Prinzipien gearbeitet haben, das Versprechen des Erfolgs auch erfüllt?

Blinde Flecken:
Folgenschwere Systematik der Verdrängung

Die Beantwortung solcher Fragen nimmt im Studienalltag breiten Raum ein. Dabei folgt man einem für alle Forschungsstrategien geltenden geistigen Prinzip: Eine Theorie, die aus einem Beispiel entwickelt wird, ist nur so lange plausibel, wie man keine Beispiele findet, die ihr widersprechen. Jeder Student lernt das in den Einführungsseminaren zu empirischen Forschungsmethoden und notiert sich im Kollegheft den Begriff dafür: „Falsifikationstheorem". Dieser Begriff stammt von Karl Popper, dem vehementesten Befürworter des offenen Denkens in offenen Gesellschaften, das dem geistigen Prinzip der gleichberechtigten Kommunikation folgt. Für die Praxis bedeutet dieses Verfahren, die Sicherheit einer Entscheidung durch die Suche nach Gegenbeispielen zu erhöhen. Da eine solche Suche Zeit kostet, muss sie auf mehrere Partner verteilt werden, die an der Lösung des Problems beteiligt sind. Geschieht das nicht, entsteht leicht eine Atmosphäre, in der – um es wissenschaftlich auszudrücken – eine opportune Affirmation gepflegt wird, eine bequeme Bestätigungsstrategie, die sich immer weitere passende Beispiele sucht, im alltäglichen Sprachgebrauch auch „Tunnelblick" genannt.

Das Falsifikationstheorem ist keineswegs nur geistiges Produkt einer überkritischen Soziologie. Die methodologischen Prinzipien gelten in jeder Wissenschaft. Sie gelten genauso in der Physik und in der Wirtschaftswissenschaft. Sie eignen sich überdies auch hervorragend als Leitprinzip für das Management bei der Beurteilung von Modellen für das eigene Handeln, unter anderem also auch für die Beurteilung von Reichweite und Tiefenschärfe eines Best-Practice-Beispiels. Daher ist es auch nicht verwunderlich, wenn man bei näherem Hinschauen die heftigsten Kritiken an der vordergründigen Strategie der opportunen Affirmation in den Wirtschaftswissenschaften findet. Ich gehe hier nur näher auf eine umfassendere Studie ein, die aus den empirischen Forschungslabors der Stanford Graduate School of Business stammt. Sie ist lesbar und verfügbar auch in Deutschland durch die Publikation in der deutschen Ausgabe des Harvard Business Manager, verfasst von Jerker Denrell, einem Assistenzprofessor.

Denrell deckt auf, dass auch flächendeckende Studien, die alle erfolgreichen Unternehmen einbeziehen, um daraus dann eine virtuelle Best Practice zu konstruieren, verborgene Fallen aufweisen können. Wer nur die Erfolgreichen studiert, läuft Gefahr, die Unternehmen und Manager zu übersehen, die nach denselben Prinzipien gearbeitet haben, aber nicht erfolgreich waren und daher nicht mehr am Markt sind – pleite. Wir reden ja hier nicht nur von den spektakulären Fällen wie Enron, LTCM, Swiss Air und anderen gestürzten Giganten, sondern über Hunderttausende von mittelständischen Unternehmen, deren eventueller Niedergang nur für die Lokalpresse interessant ist. Geblieben sind die, die erfolgreich waren, oder die, die schnell genug reagierten und das mutmaßliche Erfolgskonzept durch andere Konzepte ersetzt haben. Schon bei der Festlegung der „Sample-Points" wird also eine Weiche gestellt, die zu einer vordergründigen, wenig aussagekräftigen Antwort führt, der die wichtige Zusatzfrage meist nicht folgt. Die müsste sich ja auf die Repräsentativität der Prinzipien richten, mit denen das beispielgebende Unternehmen erfolgreich war, um dann zu prüfen, wo überall diese Prinzipien zum Erfolg geführt haben und wo nicht.

Die bittere Pointe ist die, dass man keine Daten mehr über das Versagen des Prinzips findet, weil eben nur die bleiben, die mit diesem Prinzip erfolgreich waren. Denrell nennt diese Strategie „undersampling of failure." Der psychologische Bias führt nun dazu, den Erfolg von Unternehmen erstens mit einem Konzept und zweitens dieses Konzept als besonderes visionäres Management zu identifizieren. Denrell erläutert: „We tend to argue that a decision with a good outcome is an indication of visionary management, while a decision with a bad outcome indicates reckless behaviour." Seine einfache und überzeugende These bestätigt die eingangs skizzierte Problematik einseitiger Wahrnehmung: Bei der

Suche nach den Geheimnissen des Erfolgs sollten nicht nur die Unternehmen ins Kalkül gezogen werden, die erfolgreich waren oder sind, sondern alle Unternehmen, die mit einer mutmaßlichen Erfolgsmethode gearbeitet haben. Aber auch diese Vorsichtsmaßnahme ist nicht ausreichend. In der Wirklichkeit ist die Performance eines Unternehmens das Resultat – um es noch einmal zu sagen – ebenso unzähliger wie ungezählter äußerer Einflüsse. Das heißt auch: Jedes Unternehmen ist ein Unikat und kann seine Identität und seine Positionierung in der gesellschaftlichen wie wirtschaftlichen Realität nur in eigener Anstrengung entwickeln. Das System, das alle diese Einflüsse integrieren sollte, würde an sich selber irre und rasch ins Chaos umschlagen.

Selbst eine Studie der Best Practices, die wirklich herausragende Beispiele für Erfolg waren, kann nach einiger Zeit zu furchtbarer Ernüchterung führen. In der jüngeren Wirtschaftsgeschichte lassen sich zur Illustration – und im Sinne des Falsifikationsansatzes – eine Menge Beispiele finden. Betrachtet man etwa zehn Jahre nach der Publikation eine der größten Studien zum Erfolg, die wieder mit dem Anspruch, Lehrbeispiele zu vermitteln, durchgeführt wurde, dann wird man schon nachdenklich. „Lessons from the Top" war der Titel, die Personalberatung Spencer Stuart die Auftraggeberin. Die Studie war methodologisch hervorragend, nach allen Regeln der Kunst. Ihr Ergebnis jedoch bestätigte auf zweierlei Weise die Zweifel an der Geltung von Best Practices. Erstens: weil bei den nach klar definierten Kriterien erfolgreichen Unternehmen tatsächlich keine Prinzipien festgestellt werden konnten – außer den wichtigen unmessbaren Eigenarten von führenden Individuen: ihre Kommunikationsfähigkeit, Mitarbeiterorientierung, Innovativität und charakterliche Integrität. Zweitens: Unter denen, die das alles hatten, stand Kenneth Lay, CEO von Enron, mit seiner Mannschaft ganz oben unter den Top 50. Das war im Jahre 1999. Was dann geschah, ist bekannt. In einem der spektakulärsten Wirtschaftsbetrugsprozesse der Vereinigten Staaten wurden Kenneth Lay und einige der Führungspersönlichkeiten des Unternehmens, darunter der ehemalige Enron-Chef Jeffrey

Skilling, zu jahrzehntelangen Gefängnisstrafen verurteilt. Kenneth Lay starb kurz nach der Urteilsverkündung. Skilling muss für etwas mehr als 24 Jahre ins Gefängnis und 36 Millionen US-Dollar Schadensersatz entrichten. Skilling besaß übrigens jene Eigenschaften, die Kenneth Lay im Interview mit Spencer Stuart als wichtigste Erfolgskriterien kennzeichnete. Wer immer über Skilling schrieb, attestierte dem ehemaligen McKinsey-Partner hohe Intelligenz, Brillanz. Später wird man erstaunt notieren, dass sich Skilling offensichtlich doch zu sehr mit Ja-Sagern umgeben hatte.

Zusammenfassend kommt man zu folgendem Ergebnis: Beispielhaftes Unternehmen aus der Sicht von Spencer Stuart, nach objektiven Maßstäben auserkoren, McKinsey-Beratung, Spitzenleute: Man sollte glauben, dass es besser nicht geht. Aber es waren andere Kräfte am Werk, individuelle Kräfte. Zum Stichwort McKinsey ist noch eine Anmerkung nötig: Enron wurde ja von vielen Wirtschaftsjournalisten als eine Art Feldlaboratorium für McKinsey-Managementideen beschrieben. Im Laufe der Jahre, in denen Skilling das Unternehmen prägte, waren um die 20 McKinsey-Berater dort tätig. Interessant ist, dass die Präsenz von McKinsey bei Enron nun nicht als Worst Practice für die Beratungsdienstleister in die Geschichte eingegangen ist. Eine solche Idee käme jedem Analytiker der Sache absurd vor. Sie wäre in der Tat absurd. Nicht minder absurd ist es aber, auf Grund noch so ausgeklügelter Kategorien Best Practices zu konstruieren. Wenn wenige charakterlich dubiose Typen ausreichen, ein ganzes System zu zerstören, ist es nicht weit her mit solchen Beispielen.

Aber es muss nicht einmal böser Wille dabei sein. Mitunter sind es auch schlicht Fehleinschätzungen des Marktes, die den jähen Sturz aus dem Elysium des Erfolgs verursachen – wie den des bereits weiter oben erwähnten Hedge Fonds Long Term Capital Management. Eine Möglichkeit, dieser Falle zu entkommen, ist Glück. Eine andere und vielleicht langfristig erfolgreichere die unbeeinflusste Kommunikation über die Wirklichkeit des eigenen Unternehmens – nicht über seine Philosophie, seine Kultur, seine

Tradition, seine Corporate Identity, sondern offen jederzeit und allseitig über seine Wirklichkeit. Diese Sichtweise führt zu einer großen Bescheidenheit, weil viel klarer wird, in welchen konkreten Abhängigkeiten das jeweilige Unternehmen steht, weil auch klarer wird, dass es nie zwei gleiche Unternehmen geben wird, die unter denselben Bedingungen auf den Markt treten, das heißt: in der Wirklichkeit agieren. Denrell schlägt als Konsequenz seiner Erhebung daher vor, dass sich Führungskräfte alle Fakten auch im eigenen Unternehmen liefern lassen, Fehler-Reports und Berichte über Rückschläge fordern und die Wachsamkeit gegenüber der Wirklichkeit erhöhen. Erneut also rückt das Prinzip einer systematischen, hierarchieübergreifenden Kommunikation ins Zentrum, die von allen Mitarbeitern getragen und gelebt und durch alle Erfahrungen netzwerkartig abgesichert wird. Ein weiterer Berührungspunkt zur pragmatischen Metapher des sich in Kommunikation entfaltenden Geistes ist damit erreicht. Gleichzeitig spitzt sich aber auch die Konfrontation dieser Art von Geist mit der sektoralen Intelligenz noch deutlicher zu. Sie bestätigt sich ebenfalls über Kommunikation, begrenzt aber die Integration der Teilhaber an dieser Kommunikation durch eine systematische Auswahl. Best Practices spielen dabei eine wichtige Rolle: Sie sind sowohl Teil der in sich geschlossenen Gesprächszirkel als auch Gegenstände der Gespräche in diesen Zirkeln.

6. Macht der sektoralen Intelligenz

Die sektorale Intelligenz bestätigt sich als sozial anerkannte Norm der professionellen Kommunikation, sowohl im Unternehmen als auch in den Bereichen sonstiger sozialer Kontakte. Diese Kontakte werden meist in illustren Zirkeln, Lounges, Business-Partys und Media-Nights gepflegt, auf wirtschaftlichen Gipfeltreffen und Berg-Seilschaften vertieft. Eine öffentlichkeitswirksame Bestätigung finden diese Ideen in den Appellen von Spitzenmanagern in Zeitungen und Zeitschriften, vor allem aber in Talk-Shows, in denen das Weltbild der sektoralen Intelligenz verbreitet wird. Als Best Practices gelten hier jeweils aktuelle Ereignisse und Personen, 2006 zum Beispiel Jürgen Klinsmann, von dem wir alle lernen sollten. Lernen ist das durchgehende Motiv dieser sektoralen Intelligenz – instrumentelles Lernen allerdings, an ausgesuchten Beispielen, in Management-Seminaren, an herausragenden Personen, untereinander. Jeder Fall wird also zum Prinzip und damit zu anwendbarem Wissen. Das Wissen sei der wichtigste Rohstoff, hört man immer wieder in den öffentlichen Verlautbarungen. Und dieser Rohstoff liege in den Köpfen der Menschen. Allerdings wird unter Wissen nicht offenes Weltwissen interpretiert, sondern vor allem und oft ausschließlich das nutzwertorientierte technische und wirtschaftliche Know-how. Die sektorale Intelligenz nutzt die Bildung in erster Linie zur Bestätigung ihrer selbst. Dabei kann es dann geschehen, dass Immanuel Kant als Zeuge für das unternehmerische Knowledge Management angerufen wird.

Edle Clubs:
Geistige Beletagen des Managements

Schon im Studium auf die Welt der Fallstudien eingeschworen, halten die jungen Aspiranten auf Führungspositionen sie für Bezugsgrößen ihrer intellektuellen Aktivität. Wenn dann (nur wenig überspitzt ausgedrückt) die Grenzen der geistigen Horizonte so eng gezogen sind, dass man die Welt außerhalb der Bezugspunkte der sektoralen Intelligenz nicht mehr wahrzunehmen vermag, droht eine intellektuelle Schwächung. So viel ist in den vorangehenden Kapiteln wohl deutlich geworden. In einer solchen Kultur wird sich, um ein Wort Gerald Hüthers noch einmal aufzugreifen, kein „problemöffnender" Geist zwischen Menschen entspannen, wird sich keine Beziehung entwickeln, die dem intellektuellen Prozess im Unternehmen provozierende Impulse liefert. In diesem Prozess werden sich nur legitimierte „Hirnareale" zur vernetzten Aktivität stimulieren lassen. Die anderen bleiben einfach ausgeblendet. Wie in der Utopie des Neuromarketings werden systematisch bestimmte Regionen des Managergehirns aktiviert, vermutlich „Belohnungszentren", die emotionale Hochgefühle verursachen, wenn man sich im Best Practice wiedererkennt, und jene „Spiegelneuronen", die glücklich zu flackern beginnen, wenn man die richtige Sprache hört, die man sich als „Corporate Language" zurechtgelegt hat. Nun ist es sicher für jedes Unternehmen wichtig, Sprachregelungen zu finden, mit deren Hilfe sich die Mitarbeiter in der Öffentlichkeit bewegen, wenn es kritische Fragen gibt oder auch nur Fragen danach, was denn das Unternehmen so macht. Doch die Konstruktion reicht weiter: Verständlicherweise nehmen Unternehmensberatungen diese Idee gerne auf. „So wie ein Unternehmen durch ein Corporate Design ein einheitliches grafisches Gesicht bekommt", so der Accenture-Berater Ralph Jahnke, „verleiht ihm die Corporate Language (CL) eine charakteristische unverwechselbare Sprache. Mündlich wie schriftlich konsequent um- und eingesetzt, erhält eine Marke durch CL eine wiedererkennbare Persönlichkeit. Entscheidend ist dabei, dass sich der sprachliche Auftritt nicht allein nach außen richtet und auf die Produkte konzentriert, sondern konsequent bei den eigenen Mitarbeitern beginnt. ... Sie stehen mit dem Kunden in engem Kontakt und tragen die Marke auf diese Weise weiter. Deshalb ist es so wichtig, dass von der Unternehmensführung systematisches Internes Marketing für die eigenen Marken und Kernbotschaften betrieben wird."

Der Ertrag sei vergrößerte Akzeptanz bei den Kunden und die größere Bereitschaft, auch Preiserhöhungen zu akzeptieren. Die Vorschaltseiten der Stellenmärkte der samstäglichen Tageszeitungen greifen solche Ideen mit Freuden auf. Sie zeichnen sich ja traditionell durch geringe journalistische Fantasie aus. Ihre Funktion erschöpft sich darin nachzuerzählen, was irgendwelche Berater oder Coaches sich ausgedacht haben, um in den Turbulenzen des Marktes der Konzepte des Personalmanagements mithalten zu können. Da ist jeder differenzierende Gedanke störend, zum Beispiel der, dass diese Praxis der Corporate Language Kreativität blockiert und in ihrer Perfektionierung genau das Gegenteil von dem erreicht, was langfristig erreicht werden soll: Innovationskultur. Seelenloses Vokabular, meist künstlich generiert, durchsetzt mit zweifelhaften Anglizismen, die man der Trend-Szene und der Pseudo-Effizienz der knalligen Beratersprache entleiht, erzeugen ein artifizielles „Wir-Gefühl". Corporate Language wird sehr schnell zu einem Kunstprodukt, gefährlich, weil es die so oft beschworenen Persönlichkeiten der Mitarbeiter völlig ignoriert und die Haltung zur Welt auf wenige Perspektiven reduziert.

Diese Formatierung ist verführerisch, weil sie das Gefühl vermittelt, in einem gesicherten Kontext zu leben, der sich auch auf den Markt übertragen lässt. Genau das aber ist unmöglich, weil der Markt, als wirtschaftliche Ausdrucksform der Alltagskultur (Contemporary Culture), sich einen Teufel um die Corporate Language schert und um all das, was dahinter steht. Und die, die das Unternehmen nach der Arbeitszeit verlassen, weil sie auch in dieser Contemporary Culture leben, werden ganz sicher eine wohltuende

Auszeit von der vorgestanzten Sprachkultur nehmen. Sie lagern ihre Kreativität, auch die sprachliche, aus. Das, was sie wirklich denken, was sie im Alltag mit den Kunden (die ihre Zufallsbekanntschaften, Nachbarn, Freunde, Eltern, Verwandten, Kinder, ja letztlich auch sie selbst sind) erleben, was sie im Kollegenkreis besprechen, das diskutieren sie auf eine ganz andere Art und Weise, die in dieser Kunstwelt der Corporate Languages nicht beheimatet ist. Diese geistigen Aktivitäten, die in Kapitel 8 („Mitarbeiter-Serie") noch eingehend und mit aufschlussreichen Beispielen aus belauschten Gesprächen veranschaulicht werden, bleiben so isolierte Aktivitäten. Sie stimulieren den Geist des Unternehmens nicht.

Hinter dieser Praxis steckt vermutlich gar keine bewusste Strategie (mit Ausnahmen natürlich). Jene Art von sektoraler Intelligenz entsteht durch die Selbstähnlichkeit der handelnden Führungspersonen. Wie eine alte Weisheit aus der Sozialpsychologie zeigt, tendieren Menschen eben dazu, sich für ihre Kommunikation andere Menschen zu suchen, die ähnlich denken wie sie. Ergänzend dazu haben Soziologen, die sich mit der Urbanisierung beschäftigten, herausgefunden, dass diese Tendenz zur bereits beschriebenen Vermeidung kognitiver Dissonanzen sich auch und gerade in Bereichen mit großer Meinungsvielfalt abspielt. Wechselseitige Kooptation ist an der Tagesordnung, der geteilte Habitus bestimmt die Zugehörigkeit zur Wirtschaftselite, wie der Soziologe Michael Hartmann überzeugend belegte. Das eng verflochtene Netzwerk der Aufsichtsräte in Deutschland ist ein Beleg für diese habituelle Zirkelkommunikation.

Ein interessantes Paradox: Je größer die Möglichkeit geistiger Vielfalt, desto geringer ist die praktische Umsetzung. So gründet man denn, um die Vielfalt strategisch zu reduzieren, Vereine, Zirkel, Lounges, Business-Partys und Media-Nights, Gipfeltreffen und Berg-Seilschaften. Similauner Kreis, Baden-Baden, Gesprächskreise, Wanderungen mit Gurus und die Gäste-Loge beim Wiener Opernball, die schweizerischen Bünde des Management-

Nachwuchses und schließlich die politischen Inszenierungen wie den Weltwirtschafts-Gipfel in Davos. Letztere, so las man, waren in den letzten Jahren ein wenig zu sehr von bunter Entertainment-Prominenz geprägt. Im Januar 2007 brüstet sich das Magazin *Focus* zum Beispiel damit, dass Sabine Christiansen, Claudia Schiffer und Paolo Coelho auf seiner Party anwesend waren.

Auch im weniger medienwirksamen Alltag findet man sich, wie der Skat-Club in der Eckkneipe, wo man auch über Jahre hinweg dieselben Sprüche hört. Der äußere Rahmen ist beliebig, aber es gibt Moden. Networks und Business-Clubs sind derzeit große Mode. Zur Vorbereitung liegen in allen Buchhandlungen Ratgeber aus: Wie pflege ich Small Talk? Welches Hemd passt zum Business-Anzug? Was ist Bildung? Wie werde ich schlagfertig? Wie entwickle ich Charisma? Über welche Neuerscheinungen müsste ich reden können und wie erfahre ich, was drin steht? Welche Outdoor-Seminare zum Team-Training stehen an? Zum Drüberstreuen gibt es den „Zitatenschatz für Manager" gleich im halben Dutzend. So gestählt besteht jeder den Test beim Business-Breakfast, wo man in anregender Runde ein wenig plaudert, bevor der Gast einen Vortrag hält. Das Thema: Best Practice. Wechselseitige Spiegelung.

Allein in Hamburg, so schätzt die *Welt am Sonntag*, agieren 90 Business-Clubs. Der HHBC, der Hamburger Business Club zum Beispiel, der im Jahr 2002 gegründet wurde. „Mehr als 600 Mitglieder" haben sich für diese Adresse entschieden, viele Leute aus vielen Branchen. Interessante Leute aus verschiedenen Berufen sollen aufeinander treffen. Allerdings sind alle diese Berufe: Business-Berufe. Und alle in einer erkennbaren Aufwärtsorientierung. – In die Manager-Magazin-Lounge, einen sehr exklusiven Zirkel, kommt nur, wer ein hohes Gehalt erreicht hat, und darf dann – sofern er weiter dieses Gehalt bezieht – auch eine Zeitlang bleiben.

Bei der Golfbegeisterung ist eine gewisse Sättigung eingetreten, nun steigen die Beitrittsgesuche zu Jagdclubs. Von etwa 250 000 Mitgliedern im Jahre 1980 wuchs die Zahl der Jagdscheinbesitzer bis 2005 auf etwas über 340 000 Personen. *Capital* informierte über diese signifikante Steigerung, nicht ohne den üblichen Randvermerk des Interviewpartners auf die entsprechende Pflichtfrage, Manager könnten „von der Jagd für den beruflichen Alltag lernen – zum Beispiel langfristiges Denken". Andere Assoziationen, die im Gespräch mit dem Vorstandsvorsitzenden der Gothaer Versicherungen anklingen, scheinen sich weniger deutlich als Lernziele des Managements zu eignen: „Der Jäger übernimmt nicht nur die Verantwortung für ein Gebiet und die dort lebenden Tiere. Er muss den Artenreichtum erhalten."

Die intellektuellen Kontakte („neuronale Verknüpfungen") ruhen in einem umgrenzten intellektuellen Raum, in dem keine großen geistigen Energien für die Auseinandersetzung mit Andersartigkeit verbraucht werden, weil er sich als Repräsentanz der sektoralen Intelligenz versteht und die Wirklichkeit allenfalls aus dieser Perspektive betrachtet, sich selbst aber nie aus der Perspektive der Wirklichkeit. Hier und da lädt man sich Prominenz ein, um die Vortragsreihen aus Leuten, die so sind wie man selber ist, unterhaltsam aufzulockern. Da kommt dann Nina Ruge und hält einen Vortrag zum Thema „Alles wird gut im Management". Oder Verona Feldbusch, heute Pooth, tritt als Gastrednerin auf, wie bei der amerikanischen Handelskammer in Düsseldorf kurz vor Weihnachten 2005, referiert über das Thema des American Way of Life und erntet stehende Ovationen von den gestandenen Managern. Immerhin: Frau Pooth habe einen Bekanntheitsgrad von 88 Prozent. Und dann – leider unvermeidlich, darauf hinzuweisen – traben sie alle umgekehrt auch zur Medienprominenz, nunmehr seit acht Jahren zu *Christiansen*, Moderatorin des größten und in sich geschlossensten Business-Zirkels der Bundesrepublik Deutschland. Dieses Deutschland, das hier beschrieben wird, in einer Dreiviertelstunde, alliteriert zwischen Apokalypse und Aufbruch, liegt davor auf der Couch. Und neben der sitzt der Psychologe Grünewald vom Kölner Rheingold-Institut und schreibt alles auf, was er so hört, und veröffentlicht es dann unter dem Titel „Deutschland auf der Couch". Das erschütternde Ergebnis aus

20 000 „morphologischen Tiefen-Interviews" ist ein zweckdienlicher Pessimismus, als dessen Überwinder und Retter des Standorts Grünewald den fröhlichen Konsumbürger als Retter des Standortes feiert, weil er – so der Werbetext des Verlages – sich selbst und die Gesellschaft besser verstehe. „Der renommierte Psychologe macht Mut, sich aus Visionslosigkeit und dem Hamsterrad hektischer, aber sinnloser Betriebsamkeit zu befreien." Damit sind die wesentlichen „Eckpunkte" der öffentlichen Debatte um Zustand und Zukunft der Bundesrepublik Deutschland definiert – Eckpunkte, die nun aus den umfriedeten Terrains der Business-Zirkel und ihrer Sprecherinnen und Sprecher in die Allgemeinheit lanciert werden. Die Bedeutung, die man dieser Konfrontation von Apokalypse und Aufbruch zumisst, verdeutlicht sich in der Prominenz der Beteiligten. Die, die schon bei *Christiansen* und in *Berlin Mitte* und ungezählten anderen Talkshows ihre Programmatik vorgetragen haben, wiederholen sie noch einmal in Interviews der Sonntagszeitungen und gelegentlich in so genannten „Chef-Serien" des meinungsmächtigen Boulevards, etwa der *Bildzeitung*.

Öffentliche Weltbilder:
Verbreitete Appelle der Meinungsführer

Nun könnte die Darstellung leicht zu dem Fehlschluss verleiten, ich wolle (als Achtundsechziger im Nadelstreif) ein Feindbild aus Führungskräften und Vorstandsvorsitzenden aufbauen. Das ist falsch. Das Engagement, sich an die Öffentlichkeit zu wenden, um die Positionen zu verdeutlichen, ist im höchsten Maße zu loben. Aus persönlichen Kontakten weiß ich überdies, dass die Intelligenz und Weltläufigkeit dieser Personen beträchtlich ist. In regelmäßigen Abfragen darüber, was denn junge Leute von amtierenden Spitzenkräften halten (die letzte aus dem Sommer 2006), wird „Intelligenz" als charakteristisches Kriterium genannt. Doch in der folgenden Auswahl an programmatischen Verlautbarungen für die

Öffentlichkeit (die ja auch aus ihren Mitarbeiterinnen und Mitarbeitern besteht) zeigt sich eine erstaunlich simple Weltsicht. Frappierend ist zudem die Gleichartigkeit der Aussagen. Einer der umtriebigsten Protagonisten der öffentlichen Verlautbarungen war der zurückgetretene Aufsichtsratsvorsitzende und frühere Siemens-Vorstand Heinrich von Pierer. Sein wichtigstes Thema: die technologische Zukunft Deutschlands.

Dass nun von Pierer nicht immer die glücklichste Hand bewies, wenn es bei Siemens um zukunftsträchtige und innovative Geschäftsideen ging, blieb meist vornehm unbemerkt. Er war offensichtlich das für die deutsche Wirtschaft, was man im französischen Kino für die Generation der großen Vorkriegsschauspieler sagte: ein monstre sacré. Nur vereinzelt wiesen mutige Stimmen in kleinen Passagen darauf hin, dass etwa die Turbulenzen der Kommunikationssparte im Grunde genommen ja doch vielleicht auch irgendwie und eigentlich aus der Ära von Pierers stammten. Egal, für die Chef-Serie („Die wichtigsten Chefs erklären in BILD, wie wir Spitze bleiben") avancierte von Pierer mit der Headline zum Chefsprecher: „Ideen müssen Taten werden!" Da das Stück, das seine Kommunikationsabteilung ihm entworfen hatte, ein gutes Referenzbeispiel für die gesamte Argumentation bietet, soll es hier in ganzer Länge zitiert werden.

„Jobs entstehen, wenn man dort etwas zu bieten hat, wo wirklich Bedarf ist. Und da sind wir in Deutschland in einer günstigen Lage: Gegen explodierende Rohstoff- und Umweltkosten setzen wir Energie- und Umwelttechnik vom Feinsten, gegen steigende Gesundheitskosten unsere Weltklassesysteme in der Medizintechnik, gegen die Herausforderungen immer größerer Millionenstädte unsere ausgeklügelten Lösungen der Verkehrsinfrastruktur. Und vieles mehr.

Wir haben doch alles, worauf es jetzt ankommt. Und nicht nur zum Einsatz bei uns zu Hause, sondern auch für den Export in andere Länder mit entsprechender Rückwirkung auf Arbeitsplätze hierzulande. Also müssen wir uns nur darauf besinnen, die PS auch wirklich auf die Straße zu bringen. Ideen in Taten zu verwandeln.

Die Chinesen sagen: Ein Weg entsteht, wenn man ihn geht. Sie gehen ihn auf ihre Art. Wir können das auch, auf unsere Art:

Indem wir wieder mehr Firmen gründen. An vielversprechenden Betätigungsfeldern mangelt es nicht. Aber wir müssen gute Initiativen noch mehr fördern.

Indem wir unsere auch im Weltmaßstab exzellente Wissenschaft und Wirtschaft noch besser zusammenspannen und damit den Weg von der Idee zum Markt verkürzen.

Indem wir unsere florierenden regionalen Ballungszentren noch bewusster als Magneten für die Ansiedlung kleiner Unternehmen nutzen.

Indem wir noch konsequenter als bisher die Bürokratie durchforsten und lähmende Vorschriften abbauen. Nicht nur deutsche, auch solche aus Brüssel.

Den deutschen Michel entfesseln, das bringt uns auf Trab und schafft Jobs. Der bei Angela Merkel eingerichtete Rat für Innovation und Wachstum wird nicht müde werden, auf die Schrauben hinzuweisen, an denen nun gedreht werden muss. Wir packen es!"

Wer mitgezählt hat, wird in diesem kurzen Text elf Mal das beschwörende „Wir" entdeckt haben, darüber hinaus ein paar sehr allgemeine Motive, die zudem auch noch in Metaphern verpackt sind. Das alles ist nicht wirklich hilfreich, außer dem Hinweis auf den „Rat für Innovation und Wachstum". Wer noch aufmerksamer gelesen hat, wird bemerkt haben, dass auch die redaktionelle Einleitung dieses seltsame archaische „Wir" pflegt: Wie wir Spitze bleiben.

Der Beitrag des ehemaligen Telekom-Vorsitzenden Kai-Uwe Ricke liest sich wie von derselben Kommunikations-Abteilung formuliert. „Jobs in Deutschland zu schaffen ist keine Sache, die von heute auf morgen gelingen kann. Aber wir alle können das langfristig erreichen, davon bin ich überzeugt. Wir brauchen dazu Werte wie Mut, Entschlossenheit, Wahrheit und harte Arbeit.

Und es erfordert von Menschen und Unternehmen die Bereitschaft, sich offen und nüchtern alle Rahmenbedingungen anzuschauen. Dazu gehört auch der Blick über den Gartenzaun. Die Welt um uns herum hat sich gewaltig verändert, nicht nur bei neuen Technologien. Weltweit drängen immer mehr Menschen mit ihrer Arbeitskraft und Intelligenz darauf, unsere Märkte aufzurollen.

Wenn wir die Zukunft gestalten wollen, müssen wir ideologiefrei die notwendigen, tief greifenden Reformen anpacken. Bis hierhin wird man sicher noch mitgehen, aber: Wie steht es dann mit der Umsetzung? …

Wenn wir den Standort Deutschland zukunftsfähig für unsere Kinder und Enkel machen wollen, müssen wir allen die Wahrheit sagen. Lieber selbst gestalten als gestaltet zu werden. Es ist Irrglaube, zu hoffen, dass Probleme sich aussitzen lassen.

Wir alle wissen, was zu tun ist. Jeder Einzelne ist gefordert. Wir müssen uns wieder auf unsere ‚klassischen' deutschen Tugenden besinnen – Entschlossenheit und Mut, Perfektion und Einsatzbereitschaft. Und wir brauchen von politischer Seite die richtigen Weichenstellungen. … Wir können in den kommenden Jahren nicht nur die Infrastruktur, sondern darauf aufbauende, neue Anwendungen und Arbeitsplätze schaffen – etwa in den Bereichen Gesundheit, Bildung und im gesamten Wachstumsbereich der Dienstleistungen.

Wir haben alle Chancen. Nutzen wir sie!"

So geht es dahin, mehrere Tage. Gerhard Cromme, Chef des Aufsichtsrats bei Thyssen-Krupp, mahnt: „Wir müssen aufhören zu jammern und endlich wieder kräftig anpacken." BASF-Chef Jürgen Hambrecht ergänzt: „Für Deutschland heißt es jetzt: Lieber gute Ideen jagen als gute Schnäppchen. Wir müssen schneller und besser sein als die Konkurrenz. Dazu brauchen wir den Mut, Neues zu wagen, auch wenn das nicht komplett risikofrei geht. Dann können wir auf dem Weltmarkt mit Innovationen punkten. Und zu Hause mit mehr Jobs. Packen wir's an!"

Josef Ackermann: „Wir brauchen mehr Optimismus, wir brauchen Mut zum Aufbruch. Warum eigentlich soll das in Deutschland nicht noch einmal gelingen?"

Das alles steht im Kontext Tausender gleicher Vorträge dieser und anderer Repräsentanten der deutschen Wirtschaft. Lothar Späth zum Beispiel, ständiger Gast auf Konferenzen, Talkshows mit Geschichtchen und Anekdoten und Erzählungen aus dem eigenen Alltag und der Botschaft wie gehabt: Wir müsse mehr schaffe und weniger Ferien machen, um den Standort Deutschland zu retten. Er selbst schafft heute bei Merrill Lynch als Deutschland-Chef und bekleidet mehrere Aufsichtsratsposten. Derweil gründelt die Jenoptik-Aktie bei 7,50 Euro herum, der Konzern hat sich selbst um zwei Drittel verkleinert, weil einzig das sein Überleben sichert. Alexander von Witzleben, der heutige Chef, sah keinen anderen Weg, als die Strategien von Späth zurückzudrehen. Zurück auf Start, wo man 1991 begann, immerhin mit einer (so errechnete das *Manager Magazin*) Investitionssumme von mehr als eineinhalb Milliarden Euro aus Subventionen und dem Engagement des Landes Thüringen. Späth bleibt von alldem unberührt und erzählt weiter seine Geschichten zur Rettung des Standorts Deutschland, etwa 50 Mal im Jahr zu hübschen Honoraren. Nette Geschichten, doch aus welcher Welt?

Ganz einfach: aus einer Welt, die so aussieht wie in Grünewalds „Deutschland auf der Couch", wo Visionslosigkeit herrscht und Beklemmnis und alles Mögliche erfunden wurde, das nun im Ausland produziert wird. Ekkehard D. Schulz, Vorstandsvorsitzender Thyssen-Krupp AG, erinnert (zum wie vielten Male eigentlich?) zum Beispiel daran, dass das Faxgerät und der Flachbildschirm „seinerzeit" in Deutschland erfunden, aber im Ausland vermarktet worden sind. Annette Schavan, die derzeit das Bundesministerium für Bildung und Forschung leitet, ruft in Erinnerung: „Der Kaffeefilter und das Auto, der Suppenwürfel und der Computer. Auch MP 3 und Fax sind deutsche Erfindungen. Zum ersten Male produziert wurden sie jedoch in Asien." Franz Fehrenbach erinnert nicht an das Faxgerät. Der Vorsitzende der Geschäftsführung der Robert Bosch AG fragt aber, rhetorisch, wo der Geist des Wirtschaftswunders geblieben sei: „Was wir brauchen, ist die Erkenntnis, wir sitzen alle in einem Boot. Und wir packen's. Hier sind alle gefragt. Es geht schließlich um unser Land." Und tröstet dann: „Mal ehrlich: Der Standort Deutschland ist längst nicht so schlecht wie sein Ruf."

Sicher nicht, denn es ließen sich Tausende von hochklassigen Technologien anführen, die in Deutschland erfunden wurden und auch in Deutschland produziert werden, unter ihnen die weltweit meistgenutzten Scanner für bildgebende Verfahren der Neurowissenschaften aus dem Hause Siemens Medical Solutions in Erlangen.

Aber wer sind eigentlich die Adressaten?

Der Jungingenieur?

Der Politologe, der in Brüssel arbeiten wird?

Der Arzt, der seine Praxis in einem durchschnittlichen Vorort eröffnet?

Der Mathematiker, der in ein IT-Unternehmen eintritt?

Der in vorauseilendem Gehorsam brav nach den Vorgaben von Personalchefs das Fach „Karriere" studierende Absolvent einer Business School?

Oder gar der Facharbeiter im Messebau?

Eigentlich richtet sich das alles an die Unternehmer selbst. Es wäre unternehmerischer Geist nötig gewesen, der den Markt richtig eingeschätzt hätte – ein visionärer Geist. Es wären Banken nötig gewesen, die die angemahnte Umsetzung finanziert hätten – mit Risikokapital, einem in Deutschland nur sehr zögerlich gewährten Bonus. Daran mangelte es.

Der Suppenwürfel ist übrigens auch in Deutschland hergestellt worden.

Da diese Chefserie und einige andere 2006 erschienen, fühlten sich etliche Wortführer aufgefordert, das nahe liegende Best-Practice-Beispiel Fußball aufzugreifen, was umso schöner war, als hier eine geradezu messianische Gestalt ins Spiel zu bringen war. Und so hub eine Klinsmania an, eine archaische Anbetung der überirdischen Qualitäten eines Trainers. Bei Herbert Hainer, dem Vorstandsvorsitzenden von Adidas-Salomon, war dieser argumentative Spielzug ja noch verständlich. Wenn Deutschland Weltmeister werde, dann würde es geschehen: „Ein Ruck geht durch das Land, denn wir sind wieder wer." Wenige Zeilen nach diesen pathetischen Worthülsen warnte Hainer: „Leere Worthülsen oder bloße Imagekampagnen werden nicht reichen." Es müsse schon möglich sein, während der WM länger einkaufen zu können oder die Biergärten länger geöffnet halten zu können. Josef Ackermann nahm den Ball auf: „Kommt Deutschland wieder in Schwung? Ja, 2006 könnte eines unserer besten Jahre werden. ... In der Bevölkerung ist die Bereitschaft für ein höheres Reformtempo vorhanden – das zeigen alle Umfragen. Es gibt viele Klinsmänner und Klinsfrauen in Deutschland." Utz Classen, EnBW-Vorstand, spielte ihn weiter: „Nur wer wagt, gewinnt! Zukunftsinvestitionen sind stets auch mit Risiko verbunden, und sie erfordern oft das Durchbrechen von Widerständen. Dies braucht Menschen, die lieber mit Mut 6:4 gewinnen, als mit Zaudern ein sicheres 0:0 zu halten. Und es braucht eine Kultur, die Freude an Wettbewerb und Erfolg weckt und belohnt." Post-Vorstandschef Klaus Zumwinkel und der DIW-Präsident Klaus Zimmermann griffen gar zu zweit – in einem Gespräch im Wirtschaftsteil der *Welt am Sonntag* – das Thema auf: Deutschland sei „wie eine Fußballmannschaft" – und machten sich flugs daran, diese Metapher zu Tode zu walzen. „Wie Bundestrainer Jürgen Klinsmann die Nationalelf, so wollen Zumwinkel und Zimmermann die Republik neu aufstellen", schreibt die *WamS*.

Bemerkenswert ist, dass in dieser Best-Practice-Geschichte vom Erlöser Klinsmann und seinen Strategien zwei Dinge nicht vorkamen: erstens, dass die deutsche Nationalmannschaft unter Völler vier Jahre zuvor Vizeweltmeister geworden war, unter Klinsmann aber nur Dritter; und zweitens: das Geld. Niemand, aber auch wirklich niemand redete von Geld, von jenen Prämien, die die Spieler für das Erreichen des Achtel-, Viertel- und Halbfinales einstreichen konnten und im Falle des Sieges überwiesen bekommen hätten. Abgesehen davon verschwand Klinsmann, obwohl man ihm die Verantwortung für die Aufbauarbeit gern übergeben hätte, so wie die, deren Abwanderung aus Deutschland ja heftigst beklagt wird. Auch Best Practices haben ihre praktischen Grenzen da, wo Menschen handeln.

Vereinnahmte Geistesklassik: Kants Beitrag zum Knowledge Management

Nun könnte leicht das Gegenargument formuliert werden, das seien ja nur solche Sätze, wie man sie eben sagt, wenn man im Vorübergehen kurz etwas auf eine Journalistenfrage zu antworten hat. Dazu ist zweierlei zu sagen: Wenn auf der einen Seite Chefs mit Medientrainern und Coaches und technischem Equipment wie in einem Fernsehstudio einen unglaublichen Aufwand betreiben, um mit ihren Vierteljahresberichten vor Analysten gut dazustehen, könnte man eigentlich erwarten, dass diesen Auftritten mindestens ebenso viel Aufmerksamkeit und Vorbereitung und Kraft zu widmen ist. Immerhin deklarieren sich die Autoren der „Chef-Serien" ja als Repräsentanten des Landes. Zweitens und wie bereits angemerkt: Ganz gleich, wo sie auch sonst noch auftreten, bei *Christiansen* oder in Maibritt Illners *Berlin Mitte* und in einem Dutzend Talkshows mehr, sagen sie dasselbe mit denselben Worten. Und sie sagen es in den Interviews der *Welt am Sonntag* und der *Frankfurter Allgemeinen Zeitung am Sonntag*. Sie markieren mit diesen

Präsentationen den Anspruch auf die Verbreitung ihrer Modelle. Und sie sagen dann auch immer genau das, was sie mit etwas feierlicheren Worten sagen, wenn es jene alte Spezies der Vorbilder zu ehren gilt, die eingangs des Buches beschrieben worden sind: Wie wichtig Wissen und Geist sei, denn „Wissen", so eines der Versatzstücke, ohne die es auch nicht geht, „der wertvollste Rohstoff ... liegt nicht in der Erde wie Kohle und Erz, sondern er ist in unseren Köpfen: Wissen, Können, Erfahrung."

Sagt der, mit dem diese Sequenz eröffnet wurde: Heinrich von Pierer. Wissen ist unser wichtigster Rohstoff! Sagt in der Chef-Serie auch Utz Claassen. „Um Arbeitsplätze schaffen zu können, ist alles gut und richtig, was die Qualität von Bildung, Ausbildung und Weiterbildung erhöht. Die besten Investitionen sind die in unsere Kinder." Henning Kagermann, SAP-Vorstand, stimmt zu: „Der entschlossene Schritt von einer führenden Industrienation zu einer führenden Innovationsnation, in der Industrie und Wissensgesellschaft verschmelzen, ist nötig. Die Arbeitsplätze der Zukunft entstehen auf der Basis des Rohstoffs Wissen. Und Wissen und Intelligenz werden durch keine andere Technologie stärker verbreitet, gefördert und genutzt als von der Informationstechnologie." Ein wenig differenzierter argumentiert Hermann Scholl, Aufsichtsratchef bei Bosch: „Zwar ist in der Entwicklung bei Bosch Teamarbeit angesagt. Aber das bedeutet vor allem: Denker und Macher wirken in einer ‚zündfähigen Mischung' zusammen." Wulf Bernotat, Vorstandschef von Eon: „Unternehmen müssen mehr Ausbildungsplätze schaffen, die Lohnnebenkosten müssen runter und bürokratische Hürden für Arbeit müssen beseitigt werden."

Sie tun natürlich auch etwas dafür, engagieren sich in der Bildung und in der Förderung von Wissensprozessen schon in Kindergärten. In der „Wissensfabrik" zum Beispiel. Das Ziel, das die beteiligten Unternehmen verfolgen, ist auf die Zukunft gerichtet: „Gutausgebildete Mitarbeiter in Deutschland zu haben." Das heißt zunächst einmal: gut ausgebildet in den Wirtschaftskompetenzen. Gut ausgebildete Ingenieure. Berater. Managerinnen und Manager.

Das heißt: Nicht die Bildung generell, die Differenzierung der Geister, sondern die Fokussierung auf die wirtschaftliche Kompetenz steht hier im Zentrum der Übernahme einer gesellschaftlichen Aufgabe – Fokussierung auf Kernkompetenzen. Das ist legitim und wichtig. „Jene Kinder", sagt der in der Initiative engagierte Chef der Fischer-Unternehmensgruppe, Klaus Fischer, „die heute in den Kindergarten gehen, sind diejenigen, die unser Land in 30 oder 40 Jahren führen werden. Wenn wir als Unternehmen nichts für diese Generation tun, werden wir ein Riesenproblem haben."

Gegen die Initiativen zur Förderung der Technikbegeisterung ist nichts einzuwenden, gar nichts. Die verschiedenen Realisierungen sind durchwegs originell. Die „Forscherkiste" von Siemens zum Beispiel. Eine Art Mobilbaukasten (wie wir sie früher in den 50er Jahren hatten) für Kleinstkinder. Diese Kiste ist im Rahmen der Siemens-Initiative „Generation 21" erfunden worden und soll die ganz Kleinen für Technik und Naturwissenschaften begeistern. Die Initiative erinnert an die Polytechnische Einheitsschule der DDR, wo bekanntlich nicht alles schlecht war. In der Kiste sind Luftballons, Kristalle, Reagenzgläser und ein paar Substanzen – man kennt das aus den Zauber-Spielkästen. Weil die Kinder in diesem Alter so aufgeschlossen seien, möchte man ihnen die Experimentierfreude erleichtern. Selbstverständlich werden die Erzieherinnen und Erzieher geschult – intensiv, wie man liest. Eine der Entwicklerinnen dieses Baukastens für eine technisch-innovative Zukunft schwärmt: „Geleitet durch gezielte Fragen und sorgsam ausgewählte Experimente und Spiele lernen die Kinder, eigene Hypothesen zu bilden und diese zu testen. Dabei üben sie, nebenbei exakt zu beobachten und zu formulieren, zu ordnen und zu gruppieren."

Irritierend bei der ganzen Logik dieser Unterweisung ist die Tatsache, dass die Technikbegeisterung der Jugendlichen eigentlich nichts zu wünschen übrig lässt: Was den Konsum und die Anwendung von Alltagstechniken betrifft, Computerspiele, I-Pods, Web-Blogs, SMS-Kommunikation, High-Tech-Mountain-Bikes und anderes Spielzeug, herrscht eine geradezu enthusiastische Hinwendung zur

Technik. Was offensichtlich aber in weit geringerem Maße ausge-
prägt wird, sind soziale und kulturelle Kompetenz, die eine wichtige Grundlage für die späteren Unternehmensgründungen sein
könnten – wenn es nämlich darum geht, Bedürfnisse zu erkennen,
Märkte zu gestalten und kluge Innovationen zu ersinnen, um Menschen zu begeistern. Das ist ja die Idee des klassischen Unterneh-
mertums.

Wenn man den eklatanten Unterschied zwischen der Komplexität
von Begründungen für mehr Ingenieursgeist und den seltsam fla-
chen und unambitionierten Begründungen für das 2007 ausgerufe-
ne „Jahr der Geisteswissenschaften" zu verstehen sucht, die immer
wieder auf die eine Frage zurückkommen, warum Geisteswissenschaften „nützlich" sein könnten, stößt man auf eine Erklärung:
Die in den Alltag verlängerte sektorale Intelligenz der publizistisch aktiven Business-Elite setzt in erster Linie auf die Perfektionierung ihrer strategischen Konzepte und vernachlässigt die
kulturellen Kontexte. Welchen Nutzen letzten Endes die Bilder des
fMRI eruieren, ist offen. Dennoch bietet man Vorschüsse, mentale
wie finanzielle. Bei der Philosophie müssen erst die Hirnforscher
kommen und fordern, dass ein Dialog, ein Diskurs, eine Diskussion konstruktive Ergebnisse zeitigen werde.

Nur gelegentlich, wenn es um „Bildung" geht, schreiben die
Kommunikationsexperten den CEOs Erbauliches in die Reden, ja
manchmal greifen sie sogar tief in die Regale der geisteswissen-
schaftlichen Klassiker. Jürgen Kluge, mit einem Honorarprofesso-
rentitel versehener Unternehmensberater mit Passepartout-
Konzept, beruft sich gar auf Immanuel Kant. Große Berater brauchen große Zitate. Dies war das, was Kluge wählte, es war eines
zur Pädagogik, denn McKinsey ist in der Bildungspolitik mittlerweile fast so aktiv wie die Bertelsmann-Stiftung. Die Pädagogik
also: „Sie ist Erziehung zur Persönlichkeit, Erziehung eines frei
handelnden Wesens, das sich selbst erhalten, und in der Gesellschaft ein Glied ausmachen, für sich selbst aber einen inneren
Wert haben kann."

Wer wollte, könnte dieses Zitat in Beziehung setzen zur Arbeit der McKinsey-Beratertruppen, vor allem zu den angepassten Nachwuchsberatern, denen man sicher viel Positives nachsagen kann, was ihren Job und ihre Professionalität betrifft. Aber wenn von „aufklärerischem Verständnis" im Sinne des hier angerufenen Immanuel Kant gesprochen wird, liegen sie auf der Liste der Assoziationen sicher ganz weit hinten. Trotzdem ging Jürgen Kluge in die Vollen: „Nur wenn es gelingt, das Bildungsverständnis der Aufklärung zu beleben und zeitgemäß umzusetzen, wird man im 21. Jahrhundert bestehen. Als Individuum, als Gesellschaft und als Volkswirtschaft." Doch wieder reduziert sich der Bildungsbegriff in seiner praktischen Umsetzung sehr schnell auf ein strategisches Konzept – und nur auf ein strategisches Konzept, auf das McKinsey-Konzept des Knowledge Managements. „Eine Untersuchung von McKinsey zeigt", wirbt Kluge für seine Dienstleistungen, „dass unternehmerisch erfolgreiche Firmen stärker und ambitionierter Knowledge-Management-Techniken anwenden". So kommt der deutsche Chef-Berater von McKinsey pünktlich zum „Jahr der Geisteswissenschaften" zu dem für die Kant-Forschung beruhigenden Fazit: „Kant hatte Recht, wir sollten zu ihm zurückfinden."

7. Symbolische Anpassung des Führungsnachwuchses

Dass Kant für Knowledge Management in den Zeugenstand gerufen werden kann, ist die Folge einer anpassungsorientierten Ausbildung des Nachwuchses für einen klar definierten Karrierepfad. Die Personalverantwortlichen haben ihn freigetreten, um die zu finden, die bereitwillig folgen, um die Positionen der Altvorderen nicht zu gefährden und ihr Geschäftsmodell weiterzupflegen. Man spricht auch von „Talenten", also von Individuen, die sich ausgezeichnet haben. Diese sektorale Intelligentsia tendiert nun dazu, sich an bestimmten, symbolkräftigen Orten niederzulassen. Die Symbolkraft dieser Orte entsteht dadurch, dass sich schon andere dort niedergelassen haben, die dieselben Attitüden pflegen. Das Verständnis für die Umwelt verkümmert, die sektorale Intelligenz erhebt sich zur Norm und interpretiert die Umwelt der eigenen Tätigkeit nur noch aus dem Blickwinkel des Ertrags. Daraus resultieren einige Probleme. Erstens einmal kreist die Kommunikation immer um dieselben Themen und tendiert zum Realitätsverlust. Soziologische Studien weisen zweitens seit langem auf die Gefahr eines „War against Talent" hin – die breite Ablehnung des Denkens und Wirkens dieser Gruppe, die als Verursacher der als bedrängend empfundenen wirtschaftlichen Umstände wie Globalisierung und schmerzliche Restrukturierungen identifiziert wird. Drittens schließlich wird das schleichende Problem der Verdrängung pluralistischer Impulse angesprochen. Diese verkümmernde Vernetzung der sozialen Areale führt zu einem Verlust an Innovationskraft.

Angepasste Talente:
Sektorale Intelligenz als Bedingung des Erfolgs

Wie bereits in früheren Büchern beschrieben und empirisch erhärtet, zählt (und zählt sich selbst) etwa ein Drittel der heutigen Hochschulabsolventen zu den Nachwuchskräften dieser Art, die vor allem eines im Sinn haben – so zu werden wie die, die bereits in den Vorstandsetagen agieren, das heißt: Machtpositionen zu erreichen. Im Februar 2006 bestätigte das *Manager Magazin* diese Zahl noch einmal und zitierte Repräsentanten dieses selbst ernannten „Elitenachwuchses". Das Blatt interviewte einen 28-Jährigen, der bereits die Kommunikationsabteilung eines Energiekonzerns führe, ein millionenschweres Budget kontrolliere und wohl beste Aussichten habe, weiter aufzusteigen – „schließlich kennt er viele Top-Manager persönlich". Der junge Mann selber lässt sich bereitwillig so zitieren: „Im persönlichen Kontakt mit den Spitzen des Unternehmens lerne ich, wie diese Manager denken und nach welchen Spielregeln sie ihr Geschäft betreiben." Der Journalist ergänzt: „Ein unschätzbarer Vorteil für jeden, der Karriere machen will."

Karriere – das Wort ist ja selbst in der Publizistik für Studenten zum Synonym für die Berufslaufbahn und die Idee vom erfüllten Leben geworden. Dass Hunderttausende der Absolventinnen und Absolventen, die wir jährlich an den Universitäten in die Praxis entlassen, verantwortungsvolle Positionen zunächst als Mitarbeiterinnen und Mitarbeiter des mittleren Managements wahrnehmen werden – in der Bildung, in den Medien, in Werbeagenturen und eben auch in der Wirtschaft –, bleibt aus diesem seltsamen Modell ausgespart. Warum redet keiner über sie? Sind sie nicht Teil des intellektuellen Potenzials? Keine wertvolle Ressource? Die Frage ist bedeutend genug, um später noch einer intensiveren Überlegung Stoff zu bieten.

Hier nun geht es zunächst um die „Besten", und um den Karriere-pfad, den man ihnen freigemacht hat. Es ist ein Weg der Anpas-sung. Die Personalverantwortlichen haben ihn freigetreten, um die zu finden, die willfährig den vorgetretenen Pfaden folgen, um die Positionen der Altvorderen nicht zu gefährden und ihr Geschäfts-modell weiterzupflegen, ihre Macht weiter zu festigen. Diese ha-ben die konzeptionelle Definitionsmacht, denn sie haben die Arbeitsplätze, sie bestimmen, wer die Besten sind, sie sind dieje-nigen, nach denen man sich richten muss, sie sind diejenigen, die den wichtigsten Orientierungspunkt für den Geist des Nachwuch-ses setzen, der fortan eine Formel im Kopf bewegt und als wesent-lichen Impuls erkennt: „Was Personalchefs wünschen."

Dass die Realität bei diesen Modellvorstellungen einer gloriosen Zukunft mitunter ganz anders aussieht, zeigt die Konfrontation verschiedener Berichte über deutsche Unternehmen, die sich aus unterschiedlichen Perspektiven sehr unterschiedlich darstellen. In den Monaten um den Jahreswechsel 2006/2007 wurde viel über Lidl geschrieben – und sehr Widersprüchliches. Die ganze Ge-schichte demonstriert, wie unterschiedlich die Perspektiven sind. Lidl, zunächst aus der Perspektive eines Glitzerbeitrags in der *Zeit*-Beilage „Chancen" vom Oktober 2006, eine Geschichte von harter Arbeit und wenig Freizeit und großem Erfolg in kurzer Zeit. Das sei „nicht ungewöhnlich". Büros, die wie Abstellkammern aussehen, stehen in diesem Beitrag für den intensiven Umgang mit Kunden. Die junge Dame, die in diesem Beitrag beschrieben wird, ist offensichtlich höchst zufrieden. Nicht nur das: „Selbst ihre Mutter hat ihren Frieden mit Esthers Berufswahl gemacht. Sie wollte immer, dass ihre Tochter studiert. ‚Sie dachte, bei Lidl sitze ich nur an der Kasse. … Aber wenn ich hier während des Projekts den Laden schmeiße, findet sie das schon cool."

Ebenfalls im Oktober berichtet die *HNA.de Melsungen* über höchst motivierte Azubis, die bei Lidl die Erfüllung ihres Lebens finden. „Die Chefs von morgen werden heute schon auf eine harte Probe gestellt. Die Azubis sehen es gelassen. „Wir sind ein gutes Team, helfen uns gegenseitig und haben Spaß an unserer Arbeit", sind sich Natalie und Oliver einig. Und Adrian verrät: „Ich könnte das ganze Jahr über so weiterarbeiten." Gab es Probleme mit der Umstellung von Azubi zu Chef? „Nein", sagt Oliver und: „Warum auch?"

Lidl zermürbe den Managementnachwuchs, schrieb *Spiegel-online* kurz darauf und beschrieb ein, so wörtlich, „System der Angst". Mit hohen Startgehältern und der Aussicht auf schnelle Karriere werben Discount-Größen wie Lidl um Uni-Absolventen. Doch der Job ist brutal, das Arbeitspensum des Nachwuchses extrem, berichtete die Online-Zeitung, was dann durch eine Titelgeschichte des *Manager Magazin* im Februar 2007 bestätigt wurde. Lakonisch vermerkte ein Leserbriefschreiber beim *Spiegel*: „Negativerfahrungen sind stets die lehrreichsten, so dass eine Tätigkeit bei Lidl zumindest für spätere Lebensabschnitte die Erfahrung mit sich bringt, wie man Personalführung nicht gestaltet." Was immer nun richtig ist, steht hier nicht im Vordergrund. Offensichtlich ist die Einschätzung dieser Geschichte – wie anderer ähnlicher Geschichten – eine Frage der Wertmaßstäbe. Der Erfolg, wie beschrieben, wird eben an der Höhe der Einstiegsgehälter gemessen.

Wer etwas anderes im Sinn hat, muss es taktisch begründen können, sofern es ihn in die Wirtschaft zieht. Beiersdorf-Chef Thomas Quaas gibt einige Stichworte vor: In der Zeitschrift *Karriere* und im Februar 2007 noch einmal in einem Karriere-Spezial des *Manager Magazin* wertete er die Entscheidung, nach dem Studium ein Jahr nach Fuerteventura zu ziehen, um dort eine Tennisschule zu leiten, als Aufwertung des Lebenslaufes, weil die betreffende Person Spanisch lerne und Führungserfahrungen sammle. Dass Menschen eine Zeitlang einfach nur leben, gerät selbst einem hochintelligenten Vorstandsvorsitzenden kaum noch in den Sinn. Erfolg versprechende Planung der Karriere schon beim Abitur, das ist es, was die Alten den Jungen mit auf den Weg geben – vor allem den Jungen, die so sein wollen wie sie – damit sie in Fallstudien lernen, wie die Wirklichkeit ist, die dann später mit Hilfe von Best-Practice-Beispielen nach dem Muster der Business-Intelligence neu konstruiert wird.

So verfestigt sich der Habitus allmählich zu einer Tafel mit ungeschriebenen Gesetzen, die das Bewusstsein weit stärker prägen als
das, was offiziell deklariert wird. Die geistige Auseinandersetzung
mit Wirklichkeit ist auf wenige Modelle reduziert.

Vermutlich hat bislang kein Brain-Lab mit bildgebenden Verfahren
die Hirnaktivitäten dokumentiert, die solche Managemententscheidungen begleiten. Vermutlich wird es nicht dazu kommen,
dass im so genannten „Krieg um Talente" diese Verfahren zur
Identifikation eingesetzt werden – immerhin aber wären sie
schneller anwendbar als die genetischen Spinnereien um die Ge-
nom-Analyse, die vor kurzem noch für Unruhe in den personalpo-
litischen Utopien sorgten. Aber man muss sich einfach nur die
Logik vor Augen halten und sie weiterdenken: Man zeigt Bewerberinnen und Bewerberinnen die Produkte des Unternehmens, für
das sie sich bewerben, und dann die Produkte der Konkurrenz und
misst die Hirnaktivitäten. Das ist nur ein utopischer Spaß. Sicher
ist nur: Dieser Krieg um Talente geht in seine dritte Phase. Es ist
eine entscheidende Phase, denn vieles wird sich ändern, vor allem
das Angebot an Talenten, schon rein quantitativ. Bei immer weniger deutschen Absolventinnen und Absolventen ist es unerlässlich,
international zu rekrutieren. Die Konsequenzen müssen sehr sorg-
fältig bedacht werden. Ein Blick auf die mögliche Entwicklung
zeigt, warum.

Die erste Phase des „War for Talents" datiert auf das Frühjahr
1998, als der New Yorker McKinsey-Berater Ed Michaels den
Begriff für den Titel eines Buches prägte und alle möglichen Trainer und Coaches sich wie üblich mit Modellen und Systemen her-
vortaten, um Talent für bestimmte strategische und operative
Standards und die daraus resultierenden Aufgaben berechenbar zu
machen. Talent ist in dieser Definition nicht das Ergebnis der gemeinschaftlichen geistigen Arbeit eines Unternehmens, sondern
persönliches Ausstattungsmerkmal des konfektionierten Karrie-
rismus. Talent kommt im Singular eigentlich gar nicht vor. Man
spricht von „Talenten", also von Individuen, die sich ausgezeichnet
haben.

Aber was kennzeichnet die „Talente", die diesen Aufgaben gewachsen sind?

Das sagt niemand.

Stattdessen rüstet man auf im „Krieg um Talente". Ein „Krieg" – man hat ja Sun Tzu gelesen – um die, die die wichtigsten zeitgemäßen „Management-Skills" besitzen, über die Werkzeuge verfügen, die man ihnen an den Elite-Business-Schools in die Hand gegeben hat: Tools. Man spricht auch nicht von einer Konkurrenz um „Geist", auch nicht mehr durchgehend von „Minds". Die Headline des Specials in der *Economist*-Ausgabe vom 7. Oktober 2006 nannte es „Battle for Brainpower", was sich leider aber auch nur andeutungsweise übersetzen lässt. Brainpower erscheint als eine Art pragmatischer Intelligenz. Als, wie man liest, „commodity", eine Art fundamentales Werkzeug, „tool". Aber für was?

Die Konkretisierung der Vokabeln bleibt offen, wird nur von einigen bedeutungsoffenen Qualifizierungen flankiert: „Wertschöpfungsbeitrag", „Abstellen auf Unternehmensstrategie" und so fort. „Indeed", schreibt der *Economist*-Autor Adrian Wooldridge, „companies do not even know how to define talent, let alone how to manage it. Some use it to mean people like Aldous Huxley's Alphas in the ‚Brave New World' – those at the top of the bell curve. Others employ it as a synonym for the entire workforce, a definition so broad as to be meaningless."

Talente sind also wirtschaftlich verwertbare Personen. Daher findet sich auch kaum eine andere Definition, selbst in der zitierten hochklassigen Studie des *Economist*: Talent = Highflyer = High Potential = die Besten = High Qs = Kandidaten mit Einserexamen, vielen wirtschaftsnahen Praktika, formatierten Lebensläufen und dem stets gepackten Rollkoffer unterm Bett, weil mobil, doch gleichzeitig auch irgendwie nachweisbar sozial engagiert – aber eben eher als Schmuckfarbe und Dokumentation der Anpassungsbereitschaft und weniger aus Überzeugung. Diese Talente tendieren offensichtlich dazu, sich in bestimmten Zentren zu konzentrieren –

sowohl was die Ausbildung als auch was Wohnorte und Gewohnheiten betrifft. Muss man also die Lebensbedingungen ändern? In Szeneviertel investieren, damit sich zukünftig dort Talente ansiedeln, die man braucht? Plötzlich verlängert sich die Idee der Business-Zirkel in die wirkliche Wirklichkeit. Der Terminus „Mind-Mapping" gewinnt eine seltsame Aktualität, er kennzeichnet eine Landkarte der „Talente", die mittlerweile sogar in einer Reihe von Indizes gemessen werden. Aus den offenen Zirkeln werden geschlossene Regionen, aus gelegentlichen Treffen dauerhafte Heimatorte. Das muss man sich näher anschauen.

Metropolitane Kultstätten: Symbolische Orte der globalisierten Talente

Die von Trend-Gurus in die Welt gesetzte Mär, die Welt bestehe aus virtuellen Netzwerken einer großen Schar nur durchs Web verbundener Gleichgesinnter, die überall arbeiten könnten, widerlegt sich in ihrer simplen Vordergründigkeit schon durch die Betrachtung der Entwicklung in Metropolen.

Es ist der Wettbewerb um die symbolische Ortsbezogenheit des Zukunftsgeistes, der Kampf um die Ansiedlung hochklassiger junger Leute, der High Potentials, der Talente. Die hat man gern in der Gemeinde, im Bezirk, im Quartier, in der Nähe der Hauptsitze großer Unternehmen. Dass damit erneut, was die geistigen Potenziale der Gesellschaft betrifft, ungeahnte Probleme entstehen können, wird weniger laut diskutiert, jedenfalls in den offiziellen Verlautbarungen.

Zunächst die vordergründig faszinierende Ausgangslage.

Wenige Tage nach dem Survey des *Economist*, der neben der unternehmenspolitischen Bedeutung des zukunftsorientierten vielfältigen Talents die wachsende Bedeutung einer kreativen Lebenswelt betont, berichtete die deutsche *WirtschaftsWoche* breit über eine Studie der US-Wissenschaftler Richard Florida und Tim Gulden. „Regionale Kraftzentren" wurden identifiziert, jene „Hot Spots", wie das Blatt wenig originell titelt, in denen sich „Talent" nach und nach einfinde und allmählich auch zu einem geistigen Kraftzentrum konzentriere. „Ausschlaggebend im Wettbewerb der Metropolen um die kreative Klasse sind laut Florida drei Faktoren: Talent, Technologie, Toleranz." Dass Talent und Technologie für Fortschritt und Wirtschaftswachstum nötig sind, ist für Ökonomen selbstverständlich. Toleranz aber ist es, sagt Florida, was in diesen Megalopolen hinzukommen muss, um aus Technologie und Talent auch künftig Wachstum zu generieren. Denn wie offen eine Gesellschaft mit ihren Minderheiten umgeht, mit Immigranten oder auch Homosexuellen, entscheidet mit über ihre Attraktivität für junge arrivierte Aspiranten auf wirtschaftliche Führungspositionen.

Die städtische Infrastruktur bestimmter Quartiers wird also eines der Felder jener Konkurrenz werden, die um eine neue gesellschaftliche Schicht geführt wird: die Protagonisten des Geistes. Das, was für die Unternehmen mit dem skurril-abstrakten Begriff der „employment value proposition" umschrieben wird (und deren rechnerischer Wert unter der Abkürzung EVP erscheint), ist durch alles das definiert, was das Leben der jungen hochklassigen Nachwuchskräfte herausfordernd und spannend macht: kommunikative Innovation, kongeniale Atmosphäre, Stil und die Möglichkeit, sich weiterzuentwickeln. Immaterielle Belohnungssysteme, zu denen auch die Umwelt des Unternehmens zählt, die Alltagskultur, in der sie leben und die nahtlos an die Kultur ihrer Arbeitsumgebung anschließt. Es geht um hervorragende medizinische Versorgung, um gute Schulen für eventuelle Kinder, es geht um Gastronomie und Kunstgenuss, um Entspannungsmöglichkeiten jenseits der normierten Massen-Wellness-Industrien, um Museen, Galerien und Kunstsammler und um Sportmöglichkeiten, ein angenehmes Ensemble an Architektur und die Möglichkeit, sich frei und gefahrlos zu bewegen. Es geht um den Zugang zu authentischen Kulturgütern, zu Weinbergen, vielfältigen Stadtquartieren, nahen erholsamen Landschaften, zu Kneipen und Gaststätten, zu

Elementen eines Lebensstils, die alle dem Habitus der karriere-orientierten hochklassigen Bildung entsprechen.

Nicht zu vergessen: Steuern, im Klartext: Wenig Steuern.

Die Daten über derartige Soziotope werden jährlich in einem Bericht eines eigenen Projektteams publiziert: der „Human Capital Product Solutions" des Mercer Quality of Living-Index etwa. Auf den ersten Blick sieht das wirklich toll aus: gepflegte loftartige Architektur, Szenelokale, kulinarische Vielfalt, Globalität, Offenheit, Toleranz und intelligente Kommunikation. Das hört sich sehr gut an, klingt multikulturell und intellektuell, auch in der Selbstbeschreibung der Bedürfnisse dieser Klientel oder ihrer Theoretiker. Gloria Origgi, Philosophin and Forscherin am renommierten Centre Nationale de la Recherche Scientifique, schwärmt: „I believe that active multilingualism in Europe will help produce a new generation of cognitively more flexible children who will have integrated from the onset in their own identity and their own cognition their mixed cultural background. It will become impossible for educational institutions around Europe to inflict to these individually multicultural students their local sacred values based on Higher Civilization, greater bravery, spiritual superiority, or what have you. They will have to update their educational programs for young people who recognize themselves neither in local foundational myths, nor in a feel-good Multiculturalism predicated upon the maintenance of sharply distinct cultural identities. This will help new generations to get rid of unreal loyalties."

Dieser Optimismus ist begründet.

Zweifellos hat, wie Richard Florida ergänzt, „die Stadt … eine lange Geschichte als Zentrum für künstlerische und kulturelle Innovationen und entdeckt derzeit wieder dieses Erbe. In diesen Regionen könnte sich die Erfolgsgeschichte des Silicon Valley wiederholen, wo High-Tech-Genies mit langen Haaren und Ziegenbärten die Zukunft erfanden."

Die Frage, die Florida nicht stellt, die auch im optimistischen Konzept von Gloria Origgi nicht angemerkt wird, ist die nach der Entwicklung der sich zunehmenden schließenden Szene wirtschaftlicher Eliten. Um diesen Aspekt einzubeziehen, müsste nur einmal die Logik der Entstehung solcher Szenen in Betracht gezogen werden. Eine wichtige Frage dabei ist die nach der Herkunft der innovativen Talente. Sind sie die Kopfgeburten dieses metropolitanen Geistes? Stammen sie aus diesen Zentren, die so enthusiastisch beschrieben werden? Findet hier die geistige Auseinandersetzung statt, die sich jeder neuroökonomischen Messung entziehen würde? Jene innovative Kommunikation, die zu neuen Impulsen für Unternehmen und Gesellschaft führt? Einige Beobachtungen sprechen dafür, dass es so nicht ist. Vielleicht waren es Langhaarige mit Ziegenbärten, die diese Zukunft erfanden. Viel wichtiger als die Beschreibung dieser andersartigen Ausdrucksaktivitäten des Habitus wäre aber der Blick auf die Quellen dieser Innovationen: Diese Quellen lagen in der Provinz. Jungs (und in zunehmendem Maße Mädels) aus der Provinz waren es, die jene Umwälzungen initiierten, die wir heute als Ausgangspunkt einer neuen Weltordnung ansehen. Die kamen mit einem regulären Koffer und ein paar frischen Hemden nach Kalifornien, im Sonntagsanzug und mit dem Zug. Vielleicht hatten einige Ziegenbärte. Auf den Fotos von damals jedenfalls habe ich keinen gesehen, und wenn sie die gehabt hätten, wäre es sicher nicht die Ikonografie der Revolution im Denken gewesen, sondern ein Symbol religiöser Zugehörigkeit. Wichtiger aber als diese Vordergründigkeiten ist die Botschaft: Kraft kommt möglicherweise nicht nur und vielleicht nicht einmal in erster Linie aus den Ballungszentren, in denen sich Gleichgesinnte in den von ihnen überall gleichartig inszenierten Umwelten zusammenfinden, samt B & O und Harmann Flat-Screens, Barcelona Chairs und LC3-Sofas und der spinnenbeinigen Zitronenpresse von Alessi und der Kunst, wie man sie jetzt so hat.

Die übrigens kommt ja auch aus der Provinz.

Ob sich daraus ein Gesetz ablesen lässt, muss bis zur wissenschaftlichen Bearbeitung des Phänomens offen bleiben. Aber mehrere interessante Beobachtungen fügen sich zu einem differenzierten Bild zusammen: Impulse entstehen oft abseits der großen Zentren – vielleicht aus dem Bestreben, die Beengtheit der Provinz zu überwinden. Oder: Die Beengtheit der städtischen Milieus, in denen das moderne Priestertum („Personaler") die unverbrüchlichen Kriterien vorgibt, nach denen sich Biografien zu richten haben, dämpft die Kreativität. Impulse für Innovationen entstehen immer da, wo sich junge Menschen den Vorgaben entziehen, dort, wo die geistige Enge der freiwilligen Beschränkungen und der Gruppenmentalität überwunden werden.

Das heißt auch, dass zur Logik der Innovation auch eine geistige Wanderschaft gehört, auf der man sich unerwarteten Begegnungen aussetzt, um die Welt, in der und für die man arbeitet, zu begreifen. In der gefeierten metropolitanen Verdichtung finden sich die Träger gleichartiger Impulse an wenigen Stellen zusammen und fügen sich zu einer neuen hochklassigen Provinz mit überschaubaren intellektuellen Impulsen. Es entsteht der Nährboden für das, was in diesem Buch im Unterschied zum beschworenen Geist der pluralistischen Kommunikation sektorale Intelligenz genannt wird: Trotz der vielen Möglichkeiten tendiert die städtische Intelligenz zur Homogenisierung und Abgrenzung. Das Verständnis für die Umwelt verkümmert, die sektorale Intelligenz erhebt sich zur Norm und interpretiert die Umwelt der eigenen Tätigkeit nur noch aus dem Blickwinkel des Ertrags. Genau durch diese Abgrenzung ist die Realisierung der neuen multikulturellen Welt gefährdet, wenn es nicht gelingt, eine breite Akzeptanz in der Bevölkerung zu erreichen – einen Stolz auf diese junge intellektuelle Elite. Dieser Stolz wird eine Voraussetzung fordern: sichtliche Chancen für jeden, von diesem Prozess zu profitieren.

Und wenn nicht?

Dann beginnt eine soziologisch höchst gefährliche Entwicklung, die auch den Unternehmen noch sehr auf den korporativen Magen schlagen wird.

Ungeahnte Konsequenzen: Geistige Abschottung und War against Talent

Das Problem, das sich wie im eben abgeschlossenen Unterkapitel besprochen abgezeichnet hat, ist ein intellektuelles und ein soziales gleichzeitig. Das intellektuelle Probleme besteht im Defizit stimulierender Impulse, weil sich der Habitus, der in der Arbeitsumwelt ebenso gepflegt wird wie in der Wohnumwelt, wie in einem Spiegelkabinett vervielfacht und immer wieder dieselben intellektuellen Muster pflegt. Eine vollendete Harmonie entsteht, deren Spannung nur noch aus der Unterschiedlichkeit von Nuancen resultiert. Die variierende Stilistik von konsumorientierten Ausdrucksaktivitäten wird mit Kultur verwechselt, die Teilhabe an Zirkeln Gleichgesinnter mit Kommunikation. Die ungeschriebene Verantwortung gegenüber dem Unternehmen – sich in der Welt umzuschauen und daraus Schlüsse für die Strategie zu ziehen – kann nicht mehr in vollem Umfang wahrgenommen werden. Gleichzeitig verkümmert die Chance zur Kommunikation mit Kolleginnen und Kollegen anderer Hierarchiestufen, anderer Milieus, anderer Standorte und Standpunkte. Das mag alles etwas esoterisch klingen. Aber angesichts der Bedeutung, die dem Weltwissen der leitenden Angestellten zugemessen wird, wäre diese ungeschriebene Verantwortung schon als eine der tragenden mentalen Säulen des Unternehmensgeistes anzusehen. Niemand erwartet, dass die eben beschriebenen „Talente" ihr Leben völlig verändern. Es geht nur um die Bereitschaft und die Fähigkeit der Kommunikation mit anderen über die Welt, um die Grenzüberschreitung und die Entwicklung dessen, was nun wieder breit als „soziale Intelligenz" diskutiert wird. Diese soziale Intelligenz wird sich auch mit langfristigen Konsequenzen des unternehmerischen Handelns für die Gesellschaft befassen – und damit zur Sicherung der geistigen Potenziale des gesamten Unternehmens beitragen. Spätere Kapitel in diesem Buch werden sich intensiv mit dieser Frage beschäftigen. Denn sie ist das Kernstück der pragmatischen Metapher von der neuronalen Vernetzung der Hirnregionen im Unternehmen. Dieses Problem ist relativ leicht zu lösen, wie sich zeigen wird.

Das soziale Problem ist gravierender und kann am Ende dazu führen, dass dieses Talent, das sich in bestimmten Regionen ballt, als Fremdkörper empfunden wird und damit in eine bedrohliche Lage gerät. Die Logik ist einfach nachzuvollziehen. Soziologen warnen seit Mitte der 90er Jahre bereits vor einer zunehmenden Entfremdung der Elite von den Gesellschaften, aus denen sie entstanden sind, Manuel Castells zum Beispiel: „Eliten sind kosmopolitisch, Menschen sind lokal." Oder Samuel Huntington. Auch er ist in der lesenswerten Kompilation der *Economist*-Autoren zitiert und illustriert Castells Bemerkung für die USA mit dem Hinweis auf eine wachsende Entnationalisierung der Eliten und der geradezu mythologisch auf Amerika eingeschworenen Haltung der breiten Öffentlichkeit. Solange Chancengleichheit herrscht, mag diese Meritokratie akzeptiert werden – umso mehr dann, wenn sie tatsächlich die Chancen anderer erhöht, am wirtschaftlichen, gesellschaftlichen und kulturellen Reichtum teilzunehmen. Doch die Entwicklung weist in eine andere Richtung. Die Logik der Kapitalmärkte überfremdet die regionalen Wirtschaftsstrukturen und nützt auf diese Weise in erster Linie den kosmopolitischen und beweglichen Eliten, die sich jederzeit an beliebigen anderen Orten dieser Welt niederlassen können, weil diese anderen Orte genauso sind wie die, an denen sie zur Zeit leben. Ihre Arbeit wird aber als Beschädigung von Lebenschancen gesehen – unfeine Charakterisierungen als Raubtierkapitalisten, Heuschrecken und Ärgeres sind erste Vorboten dieses Kulturkampfes. Die sektorale Intelligenz zerstört durch die Ignoranz gegenüber ihrer gesellschaftlichen Verantwortung die Grundlagen ihres Arbeitens. Das heißt, dass sie mit der sozialen Verantwortung auch eine Verantwortung für ihre Unternehmen wahrnimmt. Denn die Ignoranz hat nicht nur die Beschädigungen individueller Existenzen zur Folge, sondern schlägt sich in zunehmendem Maße auch politisch nieder.

Das Bild eines Hochhauses mit Luxusappartements am Rande der Slums in Sao Paulo mag uns in Europa utopisch vorkommen. Solche drastischen Grenzziehungen sind hier kaum zu erleben.

Bislang.

Aber die Condominien an der Côte d'Azur, die mit ihren Sicherheitsstandards werben, die Verdrängung traditioneller Bewohnerschaften aus ehemaligen Arbeitermilieus durch die Suche nach Lofts, die *gentrification* ganzer kleinbürgerlicher Stadtviertel und die Vernachlässigung anderer Areale führen zu einer irritierenden Auseinandersetzung, die an die Fundamente der demokratischen Gesellschaft rührt – und damit auch an die Fundamente jenes Wirtschaftssystems, von dem die jungen Eliten profitieren. Ein Blick auf Frankreich und die Unruhen in den Banlieue illustrieren den Prozess recht drastisch. Die Fernsehbilder haben ja nur brennende Autos und keine Hintergründe gezeigt. Aber es waren Journalisten da, die der Welt tieferreichende Informationen vermitteln können. Dem britischen Fotografen Simon Wheatley zum Beispiel gelang es, die Sympathie der Outlaws in den Pariser Vororten zu gewinnen und ein Jahr lang zu dokumentieren, wie sie leben und denken. Wie sie arbeiten, war nicht zu dokumentieren, weil sie keine Arbeit haben. So sagte einer von diesen jungen Leuten zum Thema Bildung: „Tu joue le jeu, tu vas à l'école. Tu travailles, tu passes tes examens. Et puis là, le jeu s'arrête. Pas de boulot. Game over!" Und ein anderer Jugendlicher fügt hinzu: „Tu deviens fou ici tellement il n'y a rien à faire. Quand tu regards la télé, tu vois des filles, des voitures. Et puis tu sors dehors et tu ne vois de rien de tout ça."

Bildung, ja. Aber dann, keine Chance.

Das heißt auch, dass die Verlautbarungen in den Chef-Serien nur die halbe Wirklichkeit umfassen. Bildung ja, das ist eine unabdingbare Voraussetzung für alles. Aber ohne dass den dann besser Gebildeten auch Chancen geboten werden, führt dieses Konzept nur in einen weiteren Konflikt.

Die Ballung dieser sektoralen Talente in bestimmten Stadtteilen bestimmter Metropolen birgt also, wenn man den Soziologen und Politologen folgt, die Gefahr wachsender und in wachsendem Maße sichtbarer Ungleichheiten und symbolischer Positionierungen der „Schuldigen". Der *Economist* prognostizierte einen „backlash against the talent elite". Richard Florida wird noch deutlicher. Die Gesellschaft spalte sich auf in „Besitzende" und „kreative Habenichtse", daraus resultierend folge die Teilung der geografischen Biotope, die wiederum eine schleichende Revolution mit sich bringe, die jene wirtschaftlich wichtigen Talente auf Dauer wieder vertreibt, dorthin, wo sie ihren Habitus in Ruhe pflegen können. Die Folgen wären Verlust der regionalen Innovationskraft und damit Verlust des Vertrauens in die Zukunft, was möglicherweise auch wirtschaftspolitisch sehr unliebsame Folgen haben könnte. Menschen werden schnell dazu neigen, jenen politischen Repräsentanten ihre Stimme zu geben, die protektionistische Schutzzonen versprechen, eine vordergründig plausible Relativierung von Unsicherheit. Langfristig sind derartige politische Tendenzen allerdings höchst gefährlich für die gesamte Wirtschaft.

Schwarze Utopien?

Anzeichen dafür sind nicht nur in den spektakulären Bildern der Milieukonfrontationen oder in der Diskussion um das moderne Prekariat zu finden, das in der Corporate Language der Politik ja nicht mehr „Unterschicht" heißen darf. Sie sind überall zu finden. In einer wunderbaren Titelgeschichte der Berliner Stadtzeitung *Zitty* nimmt man zunächst einmal zur Kenntnis, dass Berlin sich offensichtlich zu einem kulturellen Zentrum entwickelt, um dann aber erstaunt beim zweiten Blick auf eine sehr deutliche Grenzziehung zu stoßen, die nicht vor deftiger Herabsetzung einer ganzen

Berufsgruppe zurückschreckt. Witzig wie stets brachte *Zitty* die Sache – ebenfalls im Oktober – auf den Punkt und titelte als Beleg der Tatsache, dass Berlin zum kulturellen Zentrum der Bundesrepublik avanciert sei (ohne dass es jemand so richtig gemerkt hätte), auf dem mit vielen Porträts bekannter Schauspieler, Künstler, Schriftsteller: „Die wohnen jetzt alle hier." Heike Makatsch, Jürgen Vogel, Jonathan Meese, Christian Petzold, Wladimir Kaminer, Daniel Brühl, Maxim Biller, Frank Castorf, Fritzi Haberlandt, Judith Holofernes und Hunderte andere – aber ohne einen Namen aus der Business-Szene, die man mühelos und mit einiger Logik hätte integrieren können.

Die wird aber in diesem Beitrag gar nicht erwähnt – und das hat tiefreichende Gründe: Die kulturelle Szene, die sich hier selbst betrachtet, grenzt sich hämisch gegen den dominierenden Typus des jungen Karrieristen ab. So stand es dann in der Stadtzeitung: „Tom Schimmeck, Mitbegründer der ‚taz', hat deshalb die Friedrichstraße gerade in einem langen Artikel zur ‚Schleimscheißermeile' gekürt. Tatsächlich spielt man auf der Friedrichstraße gerne München und fährt im Sportwagen zur Arbeit, um sich vom eigenen Erfolg zu überzeugen. Und mittags trifft man sich in den dafür vorgesehenen Etablissements mit anderen, die man für genauso wichtig hält wie sich selbst. Doch diese Ghettoisierung ist ausnahmsweise fast praktisch: Wer diese Leute partout nicht ausstehen kann, kann sie dank der dichten Konzentration einfach großräumig umgehen. Und wenn man gucken will, kann man vorbeischauen, man geht ja auch gerne mal in den Zoo, sogar wenn man keine Kinder hat."

Diese Trennlinie, über die hinweg sich beide Seiten wie in einem wechselseitigen Zoo betrachten, verhindert die Vernetzung ungleicher Geister. Es fehlen die Brücken zwischen ganzen „Hirnarealen", die insgesamt zu einer Sicherung der sozialen und kulturellen Situation führen würden. Die Verbindungslinien werden gekappt – wie man sieht, nicht nur von der Business-Seite. Die Konsequenzen sind intellektuelle Schäden, Autismus gar, um im Bild der

Metapher zu bleiben. Solange sich der Kreativitätsindex auf nichts anderes bezieht als auf die industrielle Wertschöpfung, bleibt die Gefährdung der Abkapselung und die sektorale Intelligenz wird zur ärgsten Bedrohung dessen, was sie am heftigsten zu konstruieren sucht: Innovationskultur.

So wie wir alle beseelt dazu aufrufen, die kulturelle Vielfalt auf dieser Welt zu erhalten, weil nur aus ihr die Lösungen für drängende Probleme erwachsen können (und zwar durch geistige Impulse), wäre es doch bedenkenswert, die Vielfalt in Unternehmen zu erhalten und dies keineswegs nur aus Gründen der politischen Korrektheit oder um nicht in Konflikt mit Diskriminierungsgesetzen zu kommen. Sondern schlicht, um sich einen geistigen Vorteil zu sichern, der die Reaktionsfähigkeit auf den globalen Märkten sichert. Es ist die Umkehr der Strategie, die sich ständig weiter vernetzende Welt in ihrer Vielfalt durch die sich ebenso ständig verengenden Konzepte zu bewältigen, also durch sich selbst reproduzierende Einfalt. „Schon klagen Großkonzerne, dass durch ihre mühsam aufgebauten Talentmanagement-Programme immer der gleiche Typ nach oben gespült werde – der brillante Opportunist", wird Zehnder-Deutschland-Chef Bernd Wieczorek im *Manager Magazin* zitiert: „Wer das Test- und Fördersystem am besten durchschaut, kommt auch eher gut durch. Aber das sind nicht diejenigen, die in einer dynamischen Realität nachhaltig die besten Ergebnisse bringen." Leistungsträger gebe es genug, schreibt der Autor, es fehlen laut Wieczorek die „Toptalente mit Querdenkerqualität".

8. Geistige Emigration der Mitarbeiter

Folgt man der Idee, dass Geist eine pragmatische Metapher für die intellektuelle Wertschöpfung im Unternehmen ist, ähnelt die fehlende Vernetzung der sozial unterschiedlichen Areale einer mangelnden Vernetzung unterschiedlicher Hirnregionen. Sie betrifft vor allem die Kommunikation zwischen den Führungskräften und ihrem Nachwuchs mit den Mitarbeitern des mittleren Managements. Doch auch in diesem Areal pflegt man seine sektoralen Existenzen. Man kommt weder mit denen, die im Szeneviertel wohnen und den dort eingeübten Habitus im Betrieb weiter an den Tag legen, noch mit den Chefs in Berührung. Das ist bedauerlich, weil wesentliche Teile der im Unternehmen verfügbaren Intelligenz blockiert werden, ohne dass es jemand wirklich will. Welchen Wert die Erfahrungen dieser Mitarbeiterschaft darstellt, erweist sich, wenn man ihnen an die Stätten ihrer sektoralen Kommunikation folgt, in die Restaurants mit dem Fixpreismenüs zum Mittag oder in die ICE-Speisewagen und Bistros, und dort ihren Gesprächen zuhört. Die drehen sich fast immer um das Unternehmen und um Ideen, wie sie die ihnen zugeschriebene Arbeit besser und effektiver bewältigen könnten. Meist mündet diese Diskussion in einer beredten Resignation. Fast in jedem von mir belauschten Gespräch dieser Art wird Klage geführt über die kommunikativen Defizite, die aus ihrer Sicht durch starre und zu ausgeprägte Hierarchien und die große Bedeutung entstehen, die externen Beratern, Managementmodellen und unflexiblen Führungskräften zugemessen wird.

Inspirierende Mittagstische:
Kommunikative Asyle bei Chinesen und Italienern

In vielen Seminaren und Workshops mit dem Ziel der sanktions-
freien und hierarchieübergreifenden Kommunikation, die ich in
den letzten Jahren in Großunternehmen realisieren konnte, gab es
sie, diese Querdenker. Doch man konnte sicher sein, dass es genau
die Menschen waren, die konkrete Aussichten hatten, das Unternehmen bald zu verlassen. Die anderen, die im System solcher
Firmen überleben müssen oder wollen, werden zumindest in der
offiziellen Kommunikation den Mund halten, auch wenn die mani-
festen Regeln zur offenen Debatte ermuntern. Interessanterweise
klagen Vorstände oft darüber, dass keine anregende Kommunikation stattfinde, obwohl man so viel Energie in die Kommunikationsprozesse stecke. Sogar tolle Anglizismen werden erfunden, um
derartigen Programmen eine offizielle Seele einzuhauchen. Und
dann, so sagen sie, ernte man selbst in den Klausuren, in denen nur
Repräsentanten des Vorstands und der zweiten Führungsebene
beisammensitzen, nichts als Schweigen. Auf unsere Impulsreferate,
so klagen Vorstände, reagiert kaum jemand. Schon gar nicht regen
sich die jungen Aspiranten auf Führungspositionen.

Ich fühle mich in solchen Momenten an Hörsaalsituationen erinnert, in denen ich die Studenten frage, ob denn noch jemand etwas
zum Thema sagen möchte. Die sitzen dann auch da und sagen
nichts. Sie schauen auch so, als wüssten sie nichts. Die Situation
ist immer so unspezifisch beklemmend. Es gibt keine Kommunikation. Genauso empfinden es auch die Kommunikatoren der Unternehmen: Trotz der schmissigen Anglizismen ihrer Programme
fühlt sich selten jemand inspiriert. Ich schlage dann gelegentlich
vor, doch einmal das monatliche Impulsreferat von einem Mitglied
der 2. Führungsebene gestalten und halten zu lassen – und wenn
schon Revolution, dann aber richtig – ohne Power-Points, oder,
wenn der Teufel mich reitet, sogar von einem Mitarbeiter oder eine
Mitarbeiterin aus den operativen Etagen des mittleren Managements, in deren Köpfen man die „wertvollste Ressource" des
Unternehmens verborgen wähnt.

Es gibt auf diese Vorschläge zwei Reaktionen.

Meist herrscht höchste Verwunderung, wie man auf so etwas kommt. Aber diese Verwunderung, die ich immer wieder bei solchen Vorschlägen registrieren kann, zeigt nur, dass sich ungeschriebene Gesetze nachhaltig in die Hirne eingebrannt haben. Die zweite Reaktion folgt der ersten automatisch: Können die das? Haben die überhaupt was zu sagen?

O ja, die haben was zu sagen. Das ist beruhigend, weil ja sonst die Beschwörung der wertvollen Ressourcen dieser Geister offensichtlich nur schales Geschwätz wäre, irgendwie müssen es doch die Chefs in den Serien ahnen, dass in den Galaxien der Mitarbeiterinnen und Mitarbeiter des mittleren Managements intelligentes Leben existiert. Die Mutmaßungen über den Geist, der nicht nur in den Köpfen der Genies waltet, sind nicht falsch. Das ist die beruhigende Mitteilung.

Die beunruhigende Nachricht aber ist, dass dieser Geist sich aus dem Superhirn des Unternehmens löst, weil er neutralisiert wird. Auch dieses Areal pflegt seine sektoralen Existenzen und kommt weder mit denen, die im Szene-Viertel wohnen, noch mit den Chefs in Berührung, obwohl es einen Ort gibt, an dem diese Vernetzung ganz natürlich vonstatten gehen könnte: im Unternehmen. Diese Mitarbeiterinnen und Mitarbeiter repräsentieren aber noch einen ganz anderen Wert, der hinter dem weitläufigen Wort von der „wertvollen Ressource" verschwindet: Sie leben im Unterschied zur jungen Elite der Nachwuchsführungskräfte in sehr unterschiedlichen sozialen Milieus, sind also welterfahren. Doch diese Erfahrungen kommen dem Unternehmen nicht zugute, weil zwei Vernetzungssysteme nicht funktionieren: erstens das der Kommunikation unterschiedlicher Szenen im Unternehmen; zweitens das der Integration der individuellen Erfahrungen, die diese Mitarbeiterinnen und Mitarbeiter in der Welt außerhalb des Unternehmens gesammelt haben. Beides hängt eng miteinander zusammen, denn nur die lebendige Kommunikation im Unternehmen ermöglicht die Diskussion der Bedeutung von Erfahrungen in der Welt draußen für das Unternehmen.

Im Sinne der pragmatischen Metapher von dem sich in der Kommunikation entfaltenden Geist ließe sich nur eine Diagnose stellen: Es bestünden schwere Schädigungen. Ganze Hirnareale sind, wie schon mehrfach festgestellt, neutralisiert. Sie sind in die Prozesse der intellektuellen Wertschöpfung nicht integriert. Der Geist funktioniert nicht. Eine seltsame Trennung von geistigen Arealen entwickelt sich im Unternehmen. So besehen, stellen die vielen Oberflächlichkeiten der „Chef-Serien" auch die Dokumentation einer gewissen Hilflosigkeit dar, weil sie nie oder nur selten in kurzen Audienzen erfahren, welche Wirklichkeitserfahrung ihre Untergebenen haben – welche Perspektiven und Lösungen aber auch, welche geistigen Potenziale, die das Gehirn der „lernenden Organisation" dramatisch bereichern könnten.

Doch anders als in den Schadensfällen, die das Interesse der medizinischen Neurologie beherrschen, erweckt sich dieser neutralisierte Geist ganz von selber wieder zum Leben, so als denke etwas außerhalb des Gehirns. Sobald nämlich diese Geister die offizielle Arena verlassen haben, sobald sie sich in den frei gewählten Biotopen bewegen, in denen sie sich unbeobachtet wissen, gewinnt die Kommunikation an Fahrt, und zwar beträchtlich. Man müsste nur zuhören, um die offene Konfrontation zu begreifen, die diese beiden Subkulturen des Unternehmens voneinander trennt. Diese kommunikativen Asyle liegen gleich nebenan, wenige Schritte neben der Unternehmensmetropole in den Mittagsmenü-Restaurants mit dem Fixpreis-Essen, darauf eingestellt, eine Truppe von Angestellten zu beköstigen.

Was würden sie also sagen, wenn sie sprechen dürften?

Wenn sie sozusagen die Interviewten in einer „Mitarbeiter-Serie" wären?

Sie dürfen es nicht öffentlich, aus guten Gründen, da ja nun mal eine Organisation mit einer Stimme sprechen muss. Insofern ist die Analogie ein wenig gekünstelt, aber sei's drum, die Frage ist viel zu interessant: Was würden sie sagen, wenn sie wirklich in der Lage wären, ein Gespräch mit den „Chefs" zu führen, sanktionsfrei, hierarchieübergreifend?

Man muss nur zuhören.

Die interessanteste und erste Beobachtung, die ich bei den nun mehrere Jahre umfassenden indirekten Recherchen dieser Art gemacht habe, ist die Fortschreibung der formellen organisatorischen und hierarchischen Strukturen in der informellen Kommunikation. Die Aufspaltung der geistigen Szenen geht weiter, auch auf horizontaler Ebene. Die Mitglieder verschiedener Abteilungen treffen sich in verschiedenen Lokalen, deren Namen hier natürlich erfunden sind, aber so in jeder beliebigen Stadt vorkommen können. Im *Mandarin* zum Beispiel trifft man zum Mittag Gruppen von fünf bis sieben Personen an einem Tisch in einem abgeteilten kleinen Compartment, die sich aus einer Gesamtgruppe von etwa 20 aus einigen benachbarten Abteilungen aus Personalentwicklung und Weiterbildung zusammensetzen. Für diese „Mandarine" sind die Marketingleute, die zur selben Zeit in ähnlich volatiler Zusammensetzung bei *Da Franco* essen und dort manchmal auch am frühen Abend noch einen Aperitif zu sich nehmen, Peripherie. Aus der umgekehrten Sicht erscheinen dieser Mittagsrunde beim Chinesen die Mitglieder der „Toskana-Fraktion", wie die Habitués „beim Italiener" genannt werden, allenfalls als entfernte Verwandte. Man grüßte sich gelegentlich auf dem Flur, mehr nicht.

Abends gehen die meisten nach Hause, nur die Unverheirateten oder lange Verheirateten treffen sich noch auf einen Drink im *George V.* Die zumindest zeichnen sich durch eine andere Qualifizierung aus, sie stammen aus unterschiedlichen Abteilungen. Meist haben sie aber früher irgendwo zusammengearbeitet, und da ihre private Situation es nun zulässt, dass sie einen etwas unverbindlicheren Lebensstil pflegen, treffen sich im *George V.* eben eher verschiedene. Auch hier gibt es eine Kerngruppe, die sich allerdings in ständigem Wechsel befindet, so dass sich im Laufe des Abends, so bis knapp halb acht Uhr, eine hundertprozentige Fluktuation ergibt. Als eine bewusst homogene Gemeinschaft hingegen sehen sich die vorstandsnahen High Potentials, die sich einmal im Monat zu einem Abendessen, das recht lange dauern kann, in der *Brasserie* zusammensetzen. Sie sind weniger volatil, eine feste Clique, deren Mitglieder sich mitunter auch in anderen Zirkeln bewegen, dies aber selten. Sie stellen für eine alternative Mitarbeiter-Serie eine eher uninteressante Gruppe dar, weil ihre Gespräche sich auf ihre Karriere konzentrieren und ohnehin das enthalten, was die Chefs bereits gesagt haben beziehungsweise sich von den Vorstandsassistenten und ihrer Kommunikationsabteilung haben vorschreiben lassen. Ihr Ziel ist die Anpassung, auf hohem Niveau, die Einübung der Standards sektoraler Intelligenz.

Die ergiebigste Gruppe rekrutiert sich daher aus jenen sowohl in der wissenschaftlichen Forschung wie in der Wirtschaftspublizistik völlig ignorierten Mitarbeiterinnen und Mitarbeitern, die auf der operativen Ebene in Projekten die strategischen Managemententscheidungen vorbereiten oder realisieren. Sie verfügen über beträchtliche Erfahrungen, was Möglichkeiten und Hindernisse der Umsetzung betrifft. Das, was in den „Chef-Serien" ebenso oft wie pauschal als „Veränderung" bezeichnet wird, muss auf dieser Ebene umgesetzt werden. Oft geht es dabei um neue Personalbewertungssysteme, die Umsetzung von Berater-Ratschlägen, die Implementierung von IT-Lösungen, die Vorbereitung von Managementkongressen und Weiterbildungs-Seminaren, Audits und Assessment-Center. Diese Aufgaben bestimmen die Gesprächsthemen, beim Mittagessen oder bei den kurzen „After Work Meetings" (sie haben auch ihre tollen Begriffe in dieser Szene!).

Die Notizen, die ich nun über Jahre hinweg sozusagen als Ethnologe dieses weitgehend unerforschten Stammes der Mitarbeiterschaft des mittleren Managements angefertigt habe, summieren sich zu einem Genrebild, das letztlich ein Spiegelbild der Chef-Serien darstellt. Die erste bemerkenswerte Beobachtung: Hier werden, wie eben schon deutlich wurde, dieselben Themen verhandelt, die die bereits skizzierten Chef-Serien publizistisch bestimmen, naturgemäß allerdings aus einer ganz anderen Perspektive und oft mit ganz anderen, meist auch wesentlich konkreteren alltagsnäheren Lösungen. Die einen hören zwar, was die anderen (die Führungspersönlichkeiten) sagen, sie lesen es auch. Aber Kommunikation? Als überraschende zweite Beobachtung ist zu vermerken, dass auch hier der Plural dominiert, auch hier hört man das Wort „Wir" sehr oft. Aber es bedeutet nicht dasselbe, wie das „Wir" der „Chef-Serien". Es ist das „Wir" der anderen, die sich vom „Wir" der Chefs gar nicht erreicht sehen, nicht integriert, nicht ernst genommen, jedenfalls nicht sehr oft. Ja, gelegentlich sogar zu Unrecht vereinnahmt, und das macht manche schon wütend. Aber die Führung hört selten, was die Mitarbeiter sagen, obwohl sie im Plural theoretisch ins Gesamtgefüge integriert sind.

Praktisch sind sie es nicht.

Belauschte Gespräche 1:
Beklagte Systemimperative der Hierarchien

Die beiden betrieblichen Subkulturen, die sich einerseits in den von sektoraler Intelligenz geprägten Chef-Serien und andererseits in den zwanglosen Gesprächen der Mitarbeiter offenbaren, finden keinen Vermittler. Das heißt auch, dass die Führung größerer Unternehmungen in der Regel aus Gründen, die sehr unterschiedlich sein können, die Potenziale dieses unbekannten Stammes der operativ tätigen Mitarbeiter des mittleren Managements gar nicht wahrnimmt, weil viele mittlere Führungskader es entweder nicht für nötig halten, die Impulse weiterzuvermitteln, oder es nicht können, weil sie – statt mit ihren Mitarbeitern öfter einmal gemeinsam im *Mandarin* zu essen, die Eigenheiten der Gruppe in der *Brasserie* pflegen. Das kann ich aber nur vermuten, da ich mich der Überschaubarkeit halber auf Beobachtungen der Mitarbeiterszene des mittleren Managements beschränkt habe, ergänzt durch die Lauschereien, die im Laufe meiner Reisen in den Zugabteilungen der 2. Klasse zu den Zeiten stattfanden, zu denen die operative Garde sich zu Besprechungen und Workshops zwischen Köln, Frankfurt, Hamburg, Leipzig, Dresden und Hannover aufmacht (oder von ihnen zurückkehrt, was übrigens sehr viel ergiebiger ist).

Wollte man ein Ranking anfertigen, wären die thematischen Hits diese: die Wasserköpfe der Hierarchien; die Konsequenzlosigkeit der Besprechungen mit den Vertretern der Führungskader; das aus der Sicht der Betroffenen als solches wahrgenommene „Berater-Unwesen". Ein weiteres, geradezu mit Bitterkeit angesprochenes Motiv betrifft die Tatsache, dass vielen der belauschten Restaurantbesucher zwar verantwortungsvolle Aufgaben (Projekte, Teamleitungen, Vorbereitung von Kongressen) übertragen werden, sie dennoch aber bei jeder Entscheidung eine Reihe jeweils höher gestellter Personen aus unterschiedlichen Bereichen zu konsultieren haben, weil sie deren Placet brauchen. Die Vorbereitung einer Managementkonferenz für einige hundert mittlere Managerinnen und Manager eines regionalen Großkonzerns mit einer Reihe verschiedener Standorte im In- und Ausland vollzieht sich nach den Schilderungen der verantwortlichen Projektleitung als eine stete Wanderschaft zwischen drei Bereichsleitern unterschiedlicher Portefeuilles, die jedes Mal die Vorstandsmitglieder oder Heads unterrichten müssen, denen sie zu berichten haben. Die wiederum haben (zumindest in diesem Beispiel) den Vorstandsvorsitzenden zu konsultieren, um sich in ihren Entscheidungen abzusichern. So zerfällt, um diesen Kommunikationsirrsinn an einem verallgemeinerten Beispiel zu verdeutlichen, die ursprüngliche Idee eines integrativen Mottos für eine Managementkonferenz, das an einer entsprechenden Folge von Praxisbeispielen aus den unterschiedlichen Abteilungen verschiedener Standorte – im Sinne der besseren Vernetzung der verschiedenen Unternehmensprovinzen – lebendig werden sollte.

Die Planung der Abteilung, die mit der Vorbereitung betraut war, sah eine offene Kommunikation vor, die während ausgedehnter Zwischenzeiten in eigens dazu hergerichteten loungeartigen Arealen über gemeinsame Probleme und Herausforderungen den Austausch über die Erfahrungsberichte zum gemeinsamen Motto stimulieren sollte. Die Idee war von Kollegen einer anderen großen Firma übernommen und im Sinne eines auf die konkrete Situation zugeschnittenen und entsprechend veränderten Good Practice adaptiert worden. Auf die Idee im Einzelnen will ich später noch einmal zurückkommen. In diesem konkreten Fall wurde sie nämlich nicht umgesetzt. In den verschiedenen Phasen der Vorbereitung zersplitterte diese Idee, weil mindestens vier Hierarchieebenen mitredeten, ehe der Vorstand überhaupt von dieser Idee unterrichtet wurde. Der Grund: „Die haben Angst, dass da was gesagt wird, das sie nicht kontrollieren können."

„Die", diese entpersonalisierte Abstraktion ist oft zu hören, gelegentlich auch für den verdeckten Beobachter ein wenig konkretisiert durch süffisante besitzanzeigende Charakterisierungen wie „unsere Hierarchen". Indem dieses Gespräch sich fortsetzte, gewann es gleichermaßen an Präzision wie an analytischer Tiefe. Man löste sich sehr schnell von der konkreten Erfahrung der abgelehnten Konzeption für eine Managementkonferenz.

Das Problem ist prinzipieller Natur und wird als solches auch debattiert. Dabei steht immer wieder eine eigenartige Konfrontation im Raum, die an das alte Theorie-Praxis-Thema erinnert: Die Konfrontation der im Alltag ersonnenen Ideen, wie alles besser, schneller, reibungsloser gehen könnte, mit den Systemen, die dann implementiert und von der Hierarchie gegen die Argumente der operativen Garde wie Besitzstände verteidigt werden, stellt eine der wesentlichen Ursachen der Demotivierung und Frustrationen dar, nicht nur bei der mangelnden Realisierung von Plänen zur Gestaltung eines Events, viel mehr im offensichtlich zähen Umgang mit verordneten Arbeitsschritten der meist mit anspruchsvollen Anglizismen etikettierten Change-Programme. Dabei spielt immer wieder das Wissensmanagement die größte Rolle und verursacht gleichzeitig die größten Frustrationen. „Wenn die immer sagen, unser Wissen veraltet so schnell, dann müsste man ihnen eigentlich mal sagen, dass es nicht das Wissen ist, sondern das System. Wir können ja unsere Erfahrungen mit den Mitarbeitern in den Projekten gar nicht ins System eingeben. Dazu eignet sich das System gar nicht, das ist tot. Und das Unternehmen lebt, das verändert sich. Die reden da oben ständig von Veränderungen, auf die wir reagieren sollen. Aber wie denn, mit dem System?"

Es ging also offensichtlich um ein System des Knowledge Managements, das eine Beratergruppe installiert hatte und das mit Hilfe eines kennzahlorientierten Navigatoren-Sets Veränderungen im Humankapital diagnostizieren sollte. „Ich kann", sagte der Gesprächspartner, „mit diesen Beratersystemen bei mir genauso wenig anfangen wie mit dem Leitbild, das neulich rumgeschickt wurde." Offensichtlich pointierte dieses Leitbild das neue Selbstverständnis des Unternehmens als Wissensorganisation. Ich konnte in dieser Situation, in der ich mit unbeteiligter Miene in meiner Zeitung herumstudierte, schlecht fragen, um was es denn dabei ging. Aber diese Frage ist so wichtig auch wieder nicht, weil sich in den Analysen von Unternehmensleitbildern ja bestimmte Standards wiederholen. Und diese Standards entsprechen nach unseren Analysen ziemlich genau dem, was in den ersten Zeilen dieses Buches über das Wort und das Prinzip des Geistes zitiert wurde.

„Na ja", erwiderte die Gesprächspartnerin, „das Leitbild können wir ja ignorieren, ist sowieso nichts anderes als eine grobe Linie. Aber mit dem System müssen wir ja die Mitarbeiterbedarfsbereinigung berechnen. Bis das fertig ist, haben wir ja schon wieder ganz andere Ausgangsbedingungen. Die reden ständig von Veränderung, da oben, aber wir müssen mit unscharfen Systemen arbeiten, in die wir keinerlei Veränderungen einpflegen können. Dann machen wir die Bedarfsbereinigung und nichts stimmt mehr."

„Einpflegen". Sie haben, wie man sieht, auch so ihre Begriffe, die Mitarbeiterinnen und Mitarbeiter, ihre technischen Termini, hinter denen sich ein beträchtlicher Stolz auf die Virtuosität im Umgang mit Systemen zu erkennen gibt: „Einpflegen", was heißen soll: organisch verändern, auf dem Stand der Erfordernisse halten.

Aber: Sie haben die offizielle Kompetenz nicht, das schriftlich verbürgte Siegel ihrer Veränderungskompetenz. Sie müssten, um ein solches System zu ändern, die Grenzen ihrer hierarchischen Beschränkung überschreiten und (wie beschrieben) um Termine bei den nächst höheren Rängen ansuchen, die das Problem wiederum auf die Ebene der Entscheider transferieren. Sie müssten die kaskadenförmig angelegte Logik der Kommunikation nachvollziehen, die sich mit dem Leitbild des wissensbasierten Unternehmens, das auf vernetzten Wissensaustausch ausgerichtet ist, nicht verträgt. So entsteht ein ideologischer Konflikt, weil eine kommunikative Bereitschaft gefordert wird, die aber im System nicht umzusetzen ist.

Wer je einen solchen Prozess absolviert hat, um irgendwann dann doch einmal an den ovalen Tischen der Entscheider, der „Hierarchen" gehört zu werden, wird es beim nächsten Mal lassen. „Die Mühe lohnt sich nicht, es kommt ja am Ende nichts dabei raus."

Die Beispiele, die sie nun aus dem Erfahrungsbereich ihres Alltages mit wachsender Erregung formulierte, waren recht präzise empirische Illustrationen der zuvor doch (für meine Ohren) eher abstrakten Ausführungen. „Ich habe neulich das neue Organigramm gesehen, das nach dem Kongress rumgeschickt wurde. Sieht ja alles ganz schön aus, hat aber mit unserem Alltag nichts zu tun", fuhr der Gesprächspartner fort. „Mit meinem schon", sagte sie. „Ich muss nämlich jetzt bei den Projekten erst mal eruieren, ob die in London einbezogen werden müssen. Wer sich das ausgedacht hat, würde ich gerne wissen."

Kurze Pause.

„Alle müssen eingezogen werden, die mit einer gestrichelten Linie verbunden sind", bestätigt der erste, wie in einem Selbstgespräch, und fährt mit einer Bemerkung fort, die in diesem Zusammenhang für den Zuhörer nicht auf den ersten Blick verständlich: „Hauptsache Elite-Uni." Vermutlich richtet sich diese Bemerkung auf die High Potentials, die sich die Führungsetagen von Elite-Instituten eingekauft haben, fachliche Spitzenkompetenz, aber ohne Erfahrung in den historischen Prozessen, in denen das Unternehmen mit dem Markt, also im Alltag seiner Kunden, gewachsen ist. Die Wirklichkeit.

Belauschte Gespräche 2:
Offener Beraterfrust und Motivationsverlust

„Ja ja, die Wirklichkeit. Wir stehen doch da draußen in der Wirklichkeit", bemerkt ein Außendienstler. „Wir stehen da draußen, jeden Tag, bei den Kunden. Aber uns fragt ja niemand, die kaufen sich lieber Berater ein. Das ist deren Zugang zur Wirklichkeit", meint ein etwa 35 Jahre alter Mann, klassischer Typ des ambitionierten Mitarbeiters, gut gekleidet, vermutlich Projektleiter. „Es interessiert sie ja auch nicht, sind ja nur hoch bezahlte Angestellte, längst wieder weg, wenn es so weit ist, dass ihre Entscheidungen Konsequenzen haben." Man müsse, meinte er, die Weiterbildungsveranstaltungen völlig verändern, als Zentren der gemeinsamen Beschlussfassung, als Kristallisationspunkte für das gemeinsame Verständnis. „Manchmal fühle ich mich wie in einer Partei, in der ich nach der Programmklausur an der Basis informiert werde, was ich die nächsten Jahre zu glauben habe." Der Vergleich sorgt für eine kleine Heiterkeit. „Das vorherrschende Gefühl in den Weiterbildungsveranstaltungen ist, dass kaum noch einer wirklich glaubt, damit weiterzukommen. Was nützt mir alle Bildung, was nützt mir das Engagement, wenn die da oben irgendwann entscheiden, dass wir zu teuer sind. Wir haben ja nichts dagegen, auch mal ein Wochenende dranzugeben, aber wenn du siehst, was in den Unternehmen geschieht, fragst du dich, ob sich das überhaupt lohnt. Wenn die Chefs Leistung bringen, kriegen sie mehr Geld. Der Aktienkurs steigt, das ist ihre Leistung, und natürlich steigen dann die Tantiemen, aber nicht wie bei uns im realen Promillebereich, das geht es um zehn, 20, manchmal 30 Prozent Erhöhung. Und ich hab noch keinen von denen in einer Weiterbildungsveranstaltung gesehen. Können die eigentlich alles von allein?" Er spielt mit seinem Glas, einen Augenblick ist es still. Niemand sagt etwas, beide denken über ihre Alltagserfahrungen nach, darüber, dass sie angehalten sind, in ihrer Freizeit Weiterbildungsveranstaltungen zu besuchen, aber nie die Führungskräfte auf diesen Veranstaltungen sehen.

„Die haben die Berater", sagt eine Gesprächspartnerin, „das ist deren Weiterbildung."

Die haben die Berater, das hört man oft an diesen Tischen der kleinen Restaurants mit den Fixpreis-Mittagsmenüs, und es klingt, als hätten sie eine exotische Krankheit. An dieser Stelle fokussiert sich das Gespräch, immer, überall, und es ist immer das eine Motiv: die grundlegende Systemirritation, dass da im Unternehmen junge Leute herumstreunen, ebenso alt und mit demselben Studium, nun aber als Berater Probleme behandeln, nach denen die Mitarbeiter nie befragt worden sind. „Manche von denen kenne ich noch persönlich von der Uni", sagt die junge Frau. „Das ist schon witzig, wenn ich sie jetzt treffe, wenn ich zufällig mal im 11. Stock was zu tun habe."

Der 11. Stock ist, wie sich weiteren Gespräch offenbart, die Meeting-Etage für die Führungsebenen. „Die Jungberater sind da in einem Monat häufiger als wir in einem Jahr." Wenn das alles so komplex sei, wieso könnten dann Leute von außen einfach so ins System „eingepflegt" werden? „Da ist doch ein Widerspruch: Die sollen die Komplexität der Probleme in wenigen Wochen durchschauen, wo wir, die wir täglich dran arbeiten, gesagt bekommen, dass es unseren Horizont übersteigt!?" So sagen die Vorgesetzten das? Nicht wörtlich, aber ihre ganze Haltung und ihre ganze Art und Weise, wie sie sich auf den Managementkonferenzen geben, zeigt das. „Manchmal glaube ich, dass der oberste Chef gar nicht weiß, was wir wissen, dass das aber auch gar nicht seine Schuld ist, ich will denen ja auch nicht Unrecht tun. Nur das System ist derartig zäh, dass keiner von uns durch diese Masse von Zwischenstationen manövrieren kann. An irgendeinem bleibst du hängen."

Hier wird sehr schnell klar, dass auch wortgewaltige Spitzenma-
nager immer dann in ein erhebliches Legitimationsproblem geraten, wenn sie anders reden als handeln. Und das scheint deshalb
der Fall zu sein, weil sie ihre geistigen Impulse aus den isolierten
Sphären der Gleichgesinnten beziehen, die Zuspitzung und damit
die stetige Instrumentalisierung der Intelligenz, eine Art Evolution
des Nischenwesens Manager.

„Die Firma", antwortete die junge Frau auf die kryptischen Bemerkungen ihres Gegenübers, offensichtlich die Kurzformeln
durchaus in ihrem kontextuellen Zusammenhang verstehend,
„entwickelt sich aus sich selbst heraus nicht weiter. Deswegen
brauchen wir diese Berater." Da ist es wieder, das „Wir", fügt sich
hier sogar ein in den großen gemeinsamen Zusammenhang, der
immer noch besteht, oder besser, den man sich wünscht, als Bezugspunkt dessen, was so oft in unhaltbarer Abgrenzung von der
Arbeit als Leben bezeichnet wird, in den Beraterkonzepten der
„Work-Life-Balance". Aber die kommt selten zur Sprache. In keinem der Gespräche, die ich mit meinen Absolventinnen und Absolventen führen konnte, an keinem Nebentisch ist je von diesen
Konzepten die Rede gewesen. Von der Arbeit umso mehr, viele
liebten ihre Arbeit und hassten ihre Vorgesetzten. Die, so der allgemeine Tenor, bewahren ihre Distanz, um sich nach oben zu orientieren, reden wie die in den „Chef-Serien" von der veränderten
Wirklichkeit, der man sich stellen müsse.

Querdenken?

„Ich habe einmal gefragt, was denn wäre mit dem Risk-Reward,
mit der Belohnung für innovatives Denken, für die Grenzüberschreitung. Zuerst einmal hat jeder gedacht, ich will mehr Geld –
und sie haben drauf hingewiesen, dass es ja Prämien für Verbesse-
rungsvorschläge gibt. Dabei ging es mir erstens mal nicht um
Geld, sondern darum, dass man so eine kreative Unruhe spürt,
wenn man meint, etwas beitragen zu können. Aber das, was ich
beitragen wollte, war anders als ein Verbesserungsvorschlag. Die
haben geguckt, als wenn ihnen einer einen unsittlichen Antrag
gemacht hat."

Was macht man nun mit dieser kreativen Unruhe, frage ich, als ich bei dieser Gelegenheit einmal ins Gespräch einbezogen werde?

„Meckern", sagt eine meiner Gesprächspartnerinnen lachend. „Was sollen wir denn sonst tun? Aber eigentlich macht das alles noch schlimmer. Wir sitzen zusammen, retten die Welt, und keiner will es wissen." Das mit der Rettung der Welt, sagt sie vorsichtig hinterher, sei ein Scherz. Es handle sich ja meistens darum, über Dinge im Unternehmen zu sprechen, und was sie da anders machen würden. „Dann reden wir", sagt ein anderer, der seit einiger Zeit geschwiegen hat, nun umso deutlicher, „über die Probleme in der Firma. Auch wenn wir uns in der Freizeit treffen, reden wir darüber, und da merkst du, dass die anderen ähnliche Probleme haben, über die sie nachdenken, dass da also vielleicht Hunderte sind, die so denken, und einige von denen sitzen hier im Restaurant oder in der Kneipe, in der wir uns manchmal am Abend noch treffen, und die denken alle darüber nach, was dich bewegt." Das wäre? „Das wäre zum Beispiel dieses Problem, das der Konzern zur Zeit hat, wie er zwischen der Region, in der er groß geworden ist, und dem Zwang zur Internationalisierung einen Weg finden kann. Vielleicht verstehen wir nicht genug von der Sache. Aber wir denken drüber nach, und es sind viele, die da drüber nachdenken … aber ich wiederhole mich."

Ein anderer junger Mann fällt ein: „Es wäre ja auch mal ganz gut zu wissen, was man überhaupt von solchen Ideen hält, wie wir sie oft zusammenspinnnen." Was zum Beispiel? „Na ja, bei dem, was Sie da gerade gehört haben: eine Vernetzung der Regionen in den unterschiedlichen globalen Standorten des Konzerns, nicht nur auf der Führungsebene. Die (gemeint sind immer die da oben aus den Chef-Serien, H. R.) denken immer an die Kosten, was das kosten würde. Mir macht das überhaupt nichts aus, Economy zu fliegen, es muss ja auch nicht das teuerste Hotel sein. Ich will einfach mal eine Woche sehen, was meine Kollegen in der PE in Poznan oder drüben in Florida so machen und welche Probleme sie haben und wie das alles zusammenwirkt. Das lässt sich ja nicht im Web besprechen. Das musst du sehen, spüren. Eigentlich sind wir ja stolz darauf, ein globaler Konzern zu sein, aber wir wollen auch wissen, was das im Alltag bedeutet."

„Wir hören immer nur von Zwängen", setzt die Gesprächspartnerin hinzu. „Immer nur vom Druck. Aber wenn sie Vorträge halten, dann ist die Globalisierung die große Chance. Immer. Ich sammle solche Vorträge, sie sagen immer, Globalisierung ist die große Chance, rettet Arbeitsplätze zuhause und so was. Und dass die Menschen sich einstellen sollen darauf. Aber die Menschen, das sind wir."

Eigentlich, meint jemand am Schluss, beim Bezahlen, seien sie ja so etwas wie der Geist des Unternehmens. „Was machen die ohne uns? Wir wissen doch wie es geht, auch wenn wir immer wieder gesagt bekommen, wie wir es machen sollen."

„Und immer neue Systeme bekommen", ergänzt ein anderer junger Mann, während sich alle erheben. Ich mag meinen Laptop schon gar nicht mehr aufklappen, wenn ich beim Kunden bin, die sehen das, glaube ich, nicht so gern."

„Und was machst du stattdessen?"

„Ich hab das ganze systemische Zeug auswendig gelernt, hab's im Kopf, und wenn ich's brauche, rufe ich es ab. Dann habe ich Zeit zu reden. Und wenn es wirklich sein muss, hat man ja dann doch noch den Kasten."

Doch die Gespräche verharren nicht auf dieser Ebene, in den eng umfriedeten Territorien der Büros und ihrer Peripherie in den kleinen Mittagstischlokalen. Dazu sind die von mir belauschten Repräsentantinnen und Repräsentanten der deutschen Wirtschaftskultur viel zu intelligent. So schlagen sie sehr schnell und mit sehr klaren Ansichten den Bogen zu gesamtgesellschaftlichen Konsequenzen, wobei als erstaunlichstes Ergebnis eine fast marxistisch anmutende Kapitalismuskritik herauskommt. Bei einer Angestellten, die mehrere Ausschüsse in einem mittelständischen Unternehmen der Finanzdienstleistung leitet, klingt so etwas überaus anachronistisch, zeigt aber, welche intellektuelle Kraft in den Köpfen verborgen ist, welche Fähigkeit der Vernetzung von Inhalten, Systembezügen und Konsequenzen des eigenen Verhaltens. „Es ist ja nicht nur die Firma, die sich aus sich heraus nicht weiterentwickelt", sagt sie. „Das blockiert die ganze Gesellschaft. Es gibt ja überhaupt keine Bewegung mehr, das ist ja kein Wunder, wenn die Spitzen ständig Veränderung predigen und im Unternehmen verändert sich überhaupt nichts. Da ist völlig egal, welche Taktungen für die Arbeit vorgegeben werden, es bleibt doch immer dasselbe, hat doch überhaupt keinen Bezug mehr zu draußen."

Draußen, das ist der Kunde.

Der Kunde ist derjenige, der als Bittsteller auftritt.

Dieser Bittsteller will ein Unternehmen gründen und sucht um einen Kredit an. Aber er kriegt den Kredit nur, wenn er schon Geld genug hat. Was das soll, verstehen sie beide nicht. „Wozu sind wir denn da?", fragt die junge Frau. „Wir haben doch eine Aufgabe. Wir sollen doch diese Gesellschaft finanzieren, also die Zukunft. Dafür müssen wir Ideen entwickeln."

Das Wissen in den Köpfen der Mitarbeiter: In den endlosen so genannten „Chef-Serien" der Boulevardpresse, in denen deutsche Vorstandsvorsitzende „den Menschen" erläutern, wie es wieder aufwärts gehen kann und wie wieder jene Arbeitsplätze geschaffen werden können, deren Abbau sie auf der nächsten Pressekonferenz begründen, ist dies ein weiteres, ständig intoniertes Motiv. Aber was geschieht im Alltag eines Unternehmens mit dem Wissen der Mitarbeiter?

„Nichts."

9. Natürliche Logik des lernenden Unternehmens

Wenn man so zuhört bei diesen Gesprächen, merkt man, dass diese Mitarbeiterinnen und Mitarbeiter gern etwas bewegen würden. Dabei will ich gar nicht verhehlen, dass es schlechte Mitarbeiter gibt, unmotiviert und wenig willens, am betrieblichen Lernprozess teilzunehmen. Doch das Problem verstärkt sich, wenn die Bereitschaft nicht honoriert wird oder selbstverständlicher Bestandteil des Unternehmensalltags ist. Kommunikation wird dadurch behindert, dass Chefs, High Potentials und Mitarbeiter sich wechselseitig falsch einschätzen, weil sie nicht hierarchieübergreifend miteinander kommunizieren und nicht einen offenen Lernprozess an die Stelle der Maßgaben sektoraler Intelligenz setzen.

Lernen ist erwiesenermaßen die bessere Strategie, mit Unsicherheiten umzugehen. Nur durch Lernen, also durch die Verarbeitung der Impulse unterschiedlicher Partner in einem Kommunikationsprozess, entsteht Geist. Das ist eine biologisch begründete Tatsache, die nun wieder auf die Neurowissenschaften zurückverweist: Lernen ist eine einzigartige evolutionär herausgebildete Fähigkeit. In letzter Konsequenz dreht sich damit die Logik um: Statt der Sicherheit, die vermeintlich aus berechenbaren Modellen, Systemen und Kennzahlen und der starren Kompetenzhierarchie im Unternehmen erwächst, wird eine neue Sicherheit der Zukunftsbewältigung durch die wachsame und vertrauensvolle Kommunikation begründet. Wichtige Voraussetzung ist die Realisierung der pragmatischen Metapher von der hierarchiefreien Entfaltung des Geistes.

Kooperative Sicherheit: Systematische Kommunikation statt Standardsystem

Übertreibung? Vielleicht. Aber wenn es so wäre – und vieles spricht dafür, dass es in vielen Unternehmen so ist: Welch eine Verschwendung wäre das von geistigem Potenzial zugunsten einer vordergründigen Planungssicherheit, die auch nicht durch den geringsten Zweifel getrübt werden soll! In diesen Gesprächen spürt man kaum etwas von dieser so oft mit Statistiken gemästeten Drohung innerer Kündigungen. Wenn man so zuhört bei diesen Gesprächen, merkt man, dass diese Mitarbeiterinnen und Mitarbeiter gern etwas bewegen würden. Das sei eine idealistische Einschätzung, wird mir oft entgegengehalten. Der Einwurf ist sicher zu Teilen richtig. Es ist ja keineswegs so, dass alle Mitarbeiterinnen und Mitarbeiter sich derart engagiert mit dem Unternehmen auseinandersetzen und die Frustrationen aus der Blockade einer gefühlten Kompetenz heraus entstehen. Es gibt jede Menge unengagierte, unmotivierte, schlechte gelaunte „TGIFs" (Thank God it's Friday-Typen), an deren Pinnwänden künstlerisch minderwertige Karikaturen über Chefs hängen und die sich eben nicht in diese Gesprächsrunden verirren. Aus Rachsucht gegenüber irgendeiner anonymen Macht verbreiten sie in objektloser Abneigung, die alles und jeden treffen kann, Gerüchte und lieben das anonyme Mobbing. Gibt es alles, überall. Man kann sich fragen, warum das so ist. Aber diese Frage gehört nicht hierher.

Wir finden andererseits eine große Zahl von jungen High Potentials, die sich aus der Beengtheit der sektoralen Intelligenz befreien wollen – und werden – das ist oft ihr Gesprächsthema in den Lokalen, die *Brasserie* oder ähnlich heißen. Und schließlich finden wir auch die Chefs jener Unternehmen, zu denen nicht nur die High Potentials streben, die Wunschpartner einer geistig aufgeweckten Truppe hochklassig und breitflächig gebildeter junger Leute. Chefs, die sich auch in ihren öffentlichen Aussagen über die grauen Strichellinien der opportunen Sinnhorizonte hinwegbegeben. Auch sie tauchen in den Chef-Serien auf. Interessanterweise gehören manche von denen, die oben mit einer Sammlung fürchterlicher Plattitüden zitiert worden sind, dazu. Das ist nicht so eigenartig, wie es sich auf den ersten Blick ausnimmt. Dieser Widerspruch zeigt nur, dass dem Begriff der sektoralen Intelligenz noch ein zweiter Sinn innewohnt. Während die Allgemeinheit in Gesellschaft und Unternehmen nur die gestanzten Weisheiten mitbekommt, gibt es jenseits dieser Sinnhorizonte noch eine abgeschottete Region, in der weit intelligentere Kommunikation an der Tagesordnung ist. So entsteht die eigenartige Situation, dass (ich übertreibe ein wenig) alle Chefs ihre Mitarbeiter so einschätzen, wie hier vor wenigen Zeilen charakterisiert, während alle engagierten Mitarbeiter die Chefs so sehen, wie die öffentlichen Verlautbarungen der von Pierer und Co. sie zeichnen, dass die Mitarbeiter die jungen High Potentials verdächtigen, Opportunismus zu betreiben, während die nichts lieber hätten als ein intellektuelles Klima, aber glauben, dass die Mitarbeiterschaft dazu nicht bereit wäre, weil das Zeit kostet. Vielfältige Trennlinien verlaufen also kreuz und quer durch die Unternehmen – imaginäre Linien. Ein großer Teil der durchaus ambitionierten Belegschaft kommt nicht in den Genuss der Führungsintelligenz, wie umgekehrt diese wenig von der intellektuellen Potenz – vom Geist – ihrer Untertanen weiß. Wie sähe das Kommunikationsgefüge im optimalen Falle aus? In den Unternehmen würden plötzlich ganz andere Konstellationen entstehen, ganz andere neuronale Vernetzungen der Geister, eine Vernetzung, die nicht mehr als soziologische Entsprechung der inneren Systeme funktioniert, sondern aus der Lust am Austausch, der wechselseitigen Konfrontation, der Suche nach geistiger Stimulanz und Gespräch, nach der Gestaltung des gemeinsamen Lernens.

Doch zusätzlich zu diesen wechselseitigen Fehleinschätzungen behindern viele systemische Überfremdungen diesen Prozess. Das senkt gleichzeitig aber auch die Reaktionsgeschwindigkeit auf unerwartete Veränderungen. Die Überfremdung der offenen Lern-

und Kommunikationskultur, die alle erdenklichen Impulse benötigt, wird in der Regel in modernen Unternehmen durch die Einrichtung von Profit-Centern und das Outsourcing vermeintlich routinemäßiger Vorgänge sowie die zunehmende Industrialisierung der mentalen Prozesse mit Hilfe von computerisierten Systemen des Knowledge Managements ersetzt. Alles soll berechenbar werden, wie die Taktung der Arbeitsschritte eines Roboters am automatisierten Fließband. Auf diese Weise soll systematisch konstruiert werden, was vielleicht nur aufgrund der wechselseitigen Fehleinschätzung aller Beteiligten nicht funktioniert. Auf diese Weise realisiert sich eine gefährliche Illusion, vor der renommierte Wirtschaftswissenschaftler und Praktiker warnen. Horst Wildemann etwa schreibt: „Wird etwa der Einkauf als gewinnorientiertes Unternehmen im Unternehmen geführt, sind Konflikte mit der Produktion und der Qualität programmiert. Es kann in Wahrheit kein wichtiger Teil des Unternehmens nach einzelwirtschaftlichen Prinzipien geführt werden. Ansonsten werden falschen Prioritäten gesetzt. Der Erfolg entsteht aber nur im Zusammenspiel aller Beteiligten."

Diese Standardisierung – ein neuer Taylorismus – der Arbeitsvollzüge, wie sie weiter oben in der Charakteristik der „sektoralen Intelligenz" beschrieben worden ist, hat den großen Vorteil, dass hohe „Transaktionskosten" vermieden werden – durch zeitraubende Versuche, jedes Mal neue Begründungszusammenhänge für Entscheidungen zu finden und Koordinationsprozesse für Abläufe zu verhandeln. Andererseits führt diese Art der Standardisierung, ja der Industrialisierung der operativen Umsetzung strategischer Ziele, zur Einschränkung der intellektuellen Potenziale und damit der innovativen Kultur, die ihrerseits ja Voraussetzung einer wettbewerbsfähigen Entwicklung des Unternehmens darstellt. Wenn die Standardisierung aller Vollzüge (auch der Bewertung von Humanvermögen und Intellektuellem Kapital) nach gleichartigen Mustern vollzogen wird, verflachen die geistigen Potenziale des Unternehmens. Also bliebe tatsächlich nur die schon angedeutete Verlagerung der Systematik auf die Strategien des kommunikativen Lernens.

In diesem Prozess bleibt das strategische Ziel langfristiger Gewinnoptimierung und -sicherung zentraler Bezugspunkt. Dieses Ziel ist nun einmal der Zweck jedes kommerziellen Unternehmens. Um es zu erreichen, sind auch alle erwähnten Systeme notwendig: Knowledge Management, Personalbedarfsrechnungen, Balanced Scorecards und hundert andere geniale Erfindungen des Business-Engineerings. Aber diese Systeme sind nur Komponenten des operativen Vollzugs. Viel wichtiger ist es, diese Komponenten in den Kontext eines offenen Diskurses zu stellen, an dem eine möglichst große Zahl von Personen beteiligt ist. Damit erhöht sich die emotionale Sicherheit. Die Angst, dass „draußen" Veränderungen stattfinden, während man drinnen noch an der Umsetzung von Trends und Systemen bastelt, wird durch diese Kommunikation geringer. Was für die Gesellschaft gilt, kann ja wohl für Unternehmen nicht ungültig sein. Und für die Gesellschaft gilt: Je höher die Bildung der Bevölkerung ist, desto geringer ist die Angst vor individuellen Krisen.

Bildung ist dabei in drei Hinsichten zu definieren: als lebenslanger Prozess der Modernisierung von Fachkompetenzen, als gleichzeitige Pflege von Zusatzqualifikationen wie Sprachkenntnissen und technischen Fertigkeiten sowie der ebenfalls in den Prozess des lebenslangen Lernens integrierten Pflege der so genannten Schlüsselqualifikationen wie der grundlegenden Kommunikationsfähigkeit und der Einfühlsamkeit in die Positionen anderer: Lernen auf drei Ebenen also, die Wiederentdeckung dessen, was Menschen zu Menschen macht und sie auf der einen Seite von ihren nächsten natürlichen Verwandten, den Schimpansen, auf der anderen von ihren nächsten unnatürlichen Verwandten, den Robotern, unterscheidet. Gerald Hüther, der neurologisch geschulte Psychiater, sagt im bereits zitierten Vortrag: „Wir haben ein Hirn, das ist zeitlebens lernfähig. Zeitlebens haben wir die Möglichkeit, es so blöd zu programmieren, dass wir es eigentlich gar nicht mehr vernünftig benutzen können. ... jetzt hätten wir aber die Chance, aus dieser zeitlebens programmierbaren Konstruktion etwas zu machen, was da oben drübersteht: eine programmöffnende Konstruktion.

Das kann aber keiner mehr allein, das ist eine soziale und kulturelle Leistung und die kann man nur dann vollbringen, wenn man weiß, weshalb man sie anstrebt." Die Grundlage dafür ist keine Fach- oder Zusatzqualifikation. Auch der Begriff der Schlüsselqualifikationen trifft es nicht: Die Grundlage ist Vertrauen.

An dieser Stelle berührt die Argumentation erneut die Neurowissenschaften. Denn Vertrauen ist nicht nur ein ideeller Prozess, sondern, wenn man der biologischen Forschung Glauben schenkt, eine natürliche Gegebenheit menschlichen Lebens. Mehr noch: Die Hirnforschung weist darauf hin, dass die Region im Gehirn, die bei Angst Unruhe erzeugt, durch die Erfahrung des Vertrauens ausgebremst werden kann: Das Hormon, Oxytocin, reduziert Ängstlichkeit in jener Gehirnregion, in der sie entsteht, also in der Amygdala, dem so genannten „Mandelkern". Mit einiger Plausibilität lässt sich also mutmaßen, dass ein gesicherter kommunikativer Zusammenhang als vertrauensbildende Maßnahme bei der Angstbewältigung hilft und auf diese Weise zu intelligenterer Arbeit führt. Das heißt auch, die Verantwortung für eventuelle Irrtümer zu übernehmen. Six-Sigma (also die gegen Null strebende Marge der Fehlertoleranz) mag ein taugliches Konzept in der Fertigung von Produkten sein – in der Kommunikation ist es völlig unangebracht.

Auch für dieses Argument macht sich der Hirnforscher Wolf Singer stark und ruft immer wieder zu einer Kultur, ja zu einer Utopie, der Demut auf. „Wir müssen zugeben", sagt Singer, „dass wir Komponenten eines immer noch fortschreitenden evolutionären Prozesses sind, den wir bewegen, den wir aber nicht wirklich final determinieren können. Das ist die Erkenntnis, dass wir konstitutiv irren werden, vor allen Dingen, wenn wir große Entscheidungen treffen wollen. Es muss deshalb eine neue Irrtumskultur geben, in der der Irrtum konstitutiv für jedes Handeln gesehen wird. Der Handelnde muss sich nicht einmal dafür entschuldigen; er muss das bedauern, aber man darf es ihm nicht anrechnen. Wenn er Verantwortung übernimmt und etwas tut, und es kommt dann anders, als er dachte, dann muss er Gnade finden, weil Irrtum bei dem Versuch, in diese komplexen Systeme lenkend einzugreifen, konstitutiv, also unvermeidbar ist. Demut entsteht, sobald man erkennt, dass das so ist und man deshalb aufhört, hochtrabende Versprechungen zu verkünden, die meist nicht gehalten werden können."

Diese Irrtumskultur hat im Alltag einen ganz einfachen Namen: Lernen.

Der Begriff tauchte ja in der vorangehenden Argumentation immer wieder auf. Beginnend mit der Interviewfrage an Wolf Singer, ob man denn aus der Hirnforschung etwas für die Wirtschaft lernen könne, zieht sich das Motiv, dass es erstens offensichtlich (neben Kindern) vor allem Manager sind, die aus allem etwas lernen können, durch alle erdenklichen Bereiche von Trainings, Konferenzen, zu Seminaren gemästete Selbsterfahrungstrips, Abenteuerspielchen. Neue Dimensionen des Lernens und Handelns entwarf die Konferenz zum Mind-Managament im Jahr 1993 für das Jahr 2000; Gerd Gerken versprach Lernerfolge durch seine spiritualistische New-Age-Philosophie. Lernen sollte man von Delfinen, Adlern, Haien, Hunden, Pferden, in der Wüste, im Wald, im Hochgebirge und im Schlamm, von Best Practices und Fallstudien, auf der Jagd und von Klinsmann.

Evolutionäre Genialität:
Biologische Grundlagen der geistigen Arbeit

Längst ist noch nicht klar, wie die Dynamik der Prozesse insgesamt aussieht, die das Denken erzeugt oder durch die das Denken erzeugt wird – die letzten Endes zu der großen Fähigkeit des Menschen führen, gemeinsam Kulturen aufzubauen (und sie dann oft genug gemeinsam auch wieder einzureißen), Wirtschaftssysteme zu begründen und einander zu vertrauen. Was immer geschieht,

Lernen ist eine grundlegende Voraussetzung jeder menschlichen Entwicklung – sowohl der individuellen, der gesellschaftlichen als auch, wie sich nachfolgend zeigen wird, der gattungsgeschichtlichen Entwicklung. Auf dieser Grundlage müssen daher auch erhebliche Zweifel an dieser vordergründigen neuroökonomischen Verengung der Hirnforschung angemeldet werden, die – zumindest in den frohlockenden Verlautbarungen ihrer Erfolge – ständig darüber informiert, was „das Gehirn" tut, ohne dass sein Träger das weiß, so als gäbe es so eine Art Aliens im Schädel, die mit ihren Menschen Gassi gehen. Die Debatte um den „freien Willen", die Wolf Singer losgetreten hat, erfährt hier ihre Vulgarisierung. Doch dem steht entgegen (auch in Singers eigener Darstellung), dass Geist ein Produkt aus Natur und Kultur ist, dass die Entwicklung des menschlichen Gehirns ohne die äußeren Bedingungen des Menschseins nicht erklärt werden kann – das heißt also, dass der menschliche Körper und die Integration in eine Kultur (Gesellschaft, Politik, Wirtschaft, kurz: Zivilisation) erhebliche Einflüsse auf die Art des menschlichen Denkens hat. Gleichzeitig beeinflussen die vom Menschen geschaffenen Institutionen, Regeln, Bräuche, Werkzeuge das, was im Kopf vor sich geht.

Menschliches Lernen, so lässt sich im Rückgriff auf Kapitel 2 zusammenfassen, ist eine grundsätzliche biologisch vorgeprägte Fähigkeit, die in kulturellen Kommunikationsprozessen ausgestaltet wird. Das kommunikative Lernen ermöglicht, sich von einer konkreten Erfahrung zu lösen und übergeordnete Prinzipien der jeweiligen Situationen zu erkennen, sie an andere weiterzugeben, gemeinsam Konzepte zu entwerfen, um wiederkehrende Probleme ohne große Transaktionskosten zu bewältigen. Schon die Tatsache, dass Managern (seltener Managerinnen) angeboten wird, aus allerlei konkreten Fällen übergreifende Prinzipien zu destillieren, kennzeichnet eine grundsätzliche kulturelle Errungenschaft: die der Induktion (es darf als amüsanter Aphorismus durchgehen, dass es auch so genannte „Induktionskrankheiten" gibt, also Malaisen durch geistige Ansteckung, epidemische Verbreitungen von Unsinn beispielsweise). Andererseits ermöglicht diese Art von Lernen auch, sich von einmal gefassten Prinzipien zu lösen, wenn sie nicht mehr helfen. Dann gilt es, auf der Erfahrungsgrundlage vieler Beteiligter neue Übereinkünfte zu treffen, die der neuen Situation angemessen sind.

Evolutionstechnisch ist diese Fähigkeit eine geniale Überlebenstaktik, so Michael Tomasello, Direktor am Max-Planck-Institut für evolutionäre Anthropologie in Leipzig. Der Mensch stehe mit dieser Fähigkeit auf der Welt einzigartig da. Irgendwann im Verlaufe der letzten 250 000 Jahre müssen sich, so der Forscher, die ersten kognitiven Fähigkeiten entwickelt haben, die den Homo sapiens zu dem machten, was er heute ist: zu einem zwar genetisch vorgeprägten und mit einem evolutionär herausgearbeiteten Design versehenen Tier, das im Vergleich zu seinen nächsten Verwandten (den Schimpansen) den entscheidenden Unterschied entwickelte, zunächst aus eigenen Erfahrungen und dann aus Erfahrungen anderer zu lernen. Der gattungsgeschichtlich genialste Aspekt bei dieser Entwicklung ist die Fähigkeit, etwas zu lernen, ohne eigene Erfahrungen machen zu müssen, ohne selber handeln zu müssen. Die Übertragung fremder Erfahrungen wird zu einer Handlungsmaxime, im Extremfall braucht niemand das Experiment selber zu machen, beispielsweise also sich die Finger zu verbrennen.

Diese Art des Lernens beruht auf Vertrauen.

Vertrauen entsteht natürlich auch wieder nicht nur durch die Ausschüttung von Hormonen, sondern wird im Zuge der gesellschaftlichen Erfahrungen in den frühen Kindertagen gefestigt. In diesem Prozess der „Vergesellschaftung" lernen Menschen nicht nur Konzepte, Regeln, Sitten, Bräuche, Rollen. Sie lernen auch das Lernen und damit das Vertrauen in die geistige Kraft, die zur Teilhabe an der Bewältigung von Problemen notwendig ist. Diese kulturelle Fähigkeit, von Erfahrungen anderer zu lernen und damit anderen Erfahrungen zu vermitteln, nennt Tomasello den „kulturellen Wagenhebereffekt". Der Mensch sei dadurch einzigartig, sowohl durch seine Fähigkeit zum Lernen durch Imitation als auch dem

Verstehen der Welt in intentionalen und kausalen Begriffen. Menschen entwickeln also unabhängig von Situationen und räumlichen Besonderheiten Prinzipien des Handelns, die fortan gelten und die in Form von Erziehung, Bräuchen, Regeln, Gesetzen, Usancen, Opportunitäten in menschlichen Netzwerken weitergegeben, die vor allem aber auch in abstrakte Gedankengebilde übersetzt werden können.

Die Entstehung einer solchen Lern-Kultur basiert also offensichtlich auf der spezifisch menschlichen Fähigkeit, sich in andere Menschen hineinzuversetzen, sich mit ihnen zu identifizieren, sie zu verstehen, mit ihnen einen gemeinsamen und bedeutungshaltigen kulturellen Zusammenhang zu konstruieren und zu pflegen und die Intentionen anderer (auch ohne fMRI) zu verstehen. Die neuere Forschung zu den „Spiegelneuronen", ausgehend von den Arbeiten des Italieners Giacomo Rizzolati an der Universität von Parma 1995, scheinen zu bestätigen, dass Empathie und sozialer Austausch durch Verständnis auf einer grundlegenden Struktur des Gehirns basieren, konkret: im vorderen Kortex. Was die Soziologie schon zu Beginn des 20. Jahrhunderts als „symbolische Interaktion" beschrieb, findet in dieser Forschung seine aktuelle neurophysiologische Bestätigung: Menschen lernen an konkreten Personen die Rollen, die sie allmählich als drehbuchgemäße Aktionsmöglichkeiten auch unabhängig von dieser konkreten Person erfassen. Doch die Erklärung menschlicher Empathie kann allein durch die Spiegelneuronen nicht erklärt werden, weil sie bei unseren Verwandten, den Schimpansen, auch diagnostiziert worden sind.

Also muss noch etwas anderes im Spiel sein – und das ist es auch, die Genetiker haben es gefunden und HAR1 genannt: Human Accelerated Region 1, ein Beschleunigungsfaktor für die Entwicklung des menschlichen Gehirns. Das Gen HAR1 sei beim Menschen vor allem während der Embryonalentwicklung zwischen der 7. und 19. Woche aktiv, schreiben die Forscher in der Zeitschrift *Nature*. In dieser Zeit wird der Neokortex angelegt. Dieser Teil der Großhirnrinde sei beim Menschen stark gewachsen und viel komplexer aufgebaut als beim Affen. Das menschliche Gehirn ist immerhin am Ende seiner individuellen Entwicklung drei Mal so groß wie das der Schimpansen. „Etwas hat unsere Gehirne dazu gebracht, viel größer zu werden und mehr Funktionen zu haben als die Gehirne von anderen Säugetieren." Die Analyse ergab, dass HAR1 bei allen Säugetieren tatsächlich großteils gleich ist, nur beim Menschen nicht. Zwischen dem Schimpansen und dem Menschen konnten 18 Unterschiede nachgewiesen werden.

Den Wissenschaftlern zufolge handelt es sich dabei um eine schier unglaubliche Veränderung in kürzester Zeit (also in wenigen Millionen Jahren). Sie nehmen an, dass das entscheidende Gen nicht wie die meisten Gene die Produktion von spezifischen Proteinen kontrolliert, sondern vielmehr eine Rolle bei der Veränderung der Funktion anderer Gene spielt. Um das so richtig zu verstehen, müsste man wohl Organische Chemie studiert haben. Aber das Prinzip ist klar, und wer sich tiefer in die Sache einarbeiten will, wird ohnehin den Originalartikel lesen oder die entsprechenden Arbeiten aus den Seminaren der einschlägigen Institute, wie etwa das ausgezeichnete Referat von Melanie Koschinat, das unter dem Titel „Funktion und Wirkung der neuen nicht codierenden RNA HAR1 auf die Entwicklung des cerebralen Cortex" im Netz abzurufen ist.

Die auf diese Weise entstehende Intelligenz überwindet schließlich die grundsätzliche Ausrichtung des Geistes auf konservative Lösungsmodelle und macht Menschen fähig zur intellektuellen Abstraktion. Sie ist eine einzigartige Möglichkeit, auf stete Veränderungen der Umwelt zu reagieren, ohne immer auf konkrete Einzelsituationen Bezug nehmen zu müssen. Dazu wiederum ist, um zum Ausgangspunkt zurückzukommen, nicht „Mind-Management", sondern offene, oder um es mit dem Wort Hüthers zu sagen, „problemöffnende" Kommunikation die beste Voraussetzung. Geist wird zum Erfolgsfaktor für arbeitende Individuen, die in der Lage sein werden, eine Art „quasi-statistischer Wahrnehmungsfähigkeit" zu entwickeln und diese Wahrnehmungen mit anderen im

Sinne einer Aufgabe zu teilen. Das heißt: Sie werden in der Lage sein, jenseits der bloßen Zahlenwerke und Milieu-Studien Linien sich andeutender Zukünfte zu erkennen, mit anderen aus den vielfältigen Eindrücken des Alltags zu destillieren und auf die Aufgaben des jeweiligen Unternehmens hin zu fokussieren. Diese Potenziale miteinander zu verknüpfen, im Sinne der aus der Hirnforschung abzuleitenden pragmatischen Metapher als ein neuronales Netzwerk zu verstehen und damit die Metapher vom „lernenden Unternehmen" lebendig umzusetzen, ist Aufgabe der Führung. Auch im Unternehmen muss eine „Accelerated Region" geschaffen werden, nicht als Abteilung, sondern als eine Art immaterielle Organisation, die alle strategischen und operativen Aktionen durchdringt.

Tieferes Verständnis: Geistige Durchdringung der Markt- und Alltagskultur

Es wäre allerdings eine Illusion, wollte man auf diese Weise das wirkliche Ausmaß der Entwicklungen in der globalisierten Welt begreifen. Dazu ist kein Gehirn in der Lage. „Wir müssten viel mehr den Blick dafür schärfen", meint Singer und vervollständigt die pragmatische Metapher der vernetzten Geister, „welche Interaktionsgeflechte und welche Strukturen erforderlich sind, damit sich diese Systeme selbst regeln und stabilisieren. Wir müssen dies von klein auf lernen. Kinder sollten schon im Kindergarten ein Gefühl für die Dynamik deterministisch chaotischer Systeme bekommen und mit ihnen spielerisch umgehen lernen, um zu begreifen, wie sich solche Systeme verhalten, so wie sie jetzt lineare Dynamik lernen. Ich denke, sie gingen dann anders an die Welt heran und würden mutigere Demokraten werden."

Da in den wundersamen Angeboten zum Mind-Management und den anderen beschriebenen Lernspielen die Manager immer wieder wie Kinder behandelt worden sind, erlaube ich mir, diese hübsche Idee noch ein wenig weiter zu verfolgen und die eben zitierte Aussage von Wolf Singer leicht umzuformulieren: „Manager sollten schon in ihrer Ausbildung ein Gefühl für die Dynamik deterministisch chaotischer Systeme bekommen und mit ihnen spielerisch umgehen lernen, um zu begreifen, wie sich solche Systeme verhalten, so wie sie jetzt lineare Dynamik lernen. Ich denke, sie gingen dann anders an die Welt heran und würden mutigere Demokraten werden."

Dieses Demokratiebewusstsein, das sich im Übrigen als Motiv auch in der „Mitarbeiter-Serie" andeutet, ist in erster Linie über hierarchieoffene und sanktionsfreie Kommunikation zu realisieren. Mit anderen Worten: Jedes Unternehmen ist ein überindividueller, lernender Organismus aus neuronal vernetzten Geistern, die allesamt konstitutive, also prägende Elemente des Unternehmens sind, die auch als solche geschätzt werden. Gleichzeitig gilt auch, dass, wie wenige Passagen zuvor schon skizziert wurde, jedes Unternehmen prägender Teil seiner eigenen Umwelt ist, in denen Personen ebenfalls zu Hause sind. Die Auffassung, das Unternehmen reagiere in einer Umwelt, ist also, um es noch einmal zu unterstreichen, falsch. Das Unternehmen ist Teil seiner Umwelt und schafft mit seinen Aktionen unablässig Veränderung in dieser Umwelt, lokal, national, global. Schon seine Reaktion auf Wettbewerber zeigt diese Eingriffe in die Contemporary Culture. Was bei diesen Interventionen herauskommt, ist offen. Meist kommt etwas heraus, was keiner geplant hat, weil die vielfältigen direkten und indirekten Interaktionen zwischen Alltag und Unternehmen unüberschaubar bleiben. Das Ergebnis wird erst erkennbar, wenn es bestimmte Muster aufweist. Die erstaunte Bemerkung des Chefs der Deutschen Bank, Ackermann, dass in Deutschland diejenigen bestraft würden, die Werte schaffen, zeigt die große Kluft zwischen den Wahrnehmungskulturen. Auch in weniger spektakulären Zusammenhängen ist diese Unsicherheit zu bemerken. Sie stellt sich in vielerlei Formen dar: als Mär vom „sprunghaften

Kunden", als Klage über die „Jammerkultur", als Konfrontation der zukunftsgerichteten Unternehmensstrategien und der Globalisierungsängste, als unerwartete Erfolge seltsamster Produkte und Dienstleistungen und vieles andere.

Es ist bis heute nicht gelungen, eine funktionierende Strategie zu entwickeln, die diese Unsicherheit zielgerecht kompensiert. Die schon erwähnte, vom Ökonomen Igor Ansoff vor mehr als 30 Jahren begründete Idee, ein Vorsorgeverfahren als Teil des strategischen Managements zu entwickeln, eben das „Weak Signal Research", hat zwar zum Teil zu unglaublich komplizierten Berater-Systemen geführt. Keines hat sich bewährt. Wenn Zukünfte vorhergesagt werden, sind die Prognosen entweder trivial oder falsch. Triviale Voraussagen nennen sich oft „Megatrends", um ihre vordergründige Selbstverständlichkeit zu kaschieren: alternde Gesellschaft, der sichtliche Wandel der Volkswirtschaften in China und Indien, die wachsende Bedeutung von Talent und so fort. Aber hinter den Begriffen verbirgt sich nichts Konkretes, nur schnell zusammengeschustertes und auf vordergründige Verkäuflichkeit getrimmtes Material. Als Reaktion entwickeln die Strategen entweder immer technischere Systeme wie Software für Knowledge Management oder sie resignieren auf hohem Niveau mit der Betonung der Unverbindlichkeit allgemeiner Qualifikationen, die sie dann Soft Skills, emotionale Intelligenz, Schlüsselqualifikationen nennen. Was nun damit im Einzelnen gemeint ist, können sich die Betroffenen dann selber ausmalen.

Die simpleren Versionen der Neuroökonomie und des Neuromarketings versprechen eine Atempause in der hektischen Suche nach Lösungen. Noch aber ist nichts erforscht, was auch nur in Ansätzen praktisch brauchbar ist. Man wird auf eine Zukunft vertröstet, in der man dann alles verstehen wird, wie schon bei der Chaosforschung (längst vergessen) und der Genetik beziehungsweise der Evolutionstheorie, die in den seltsamen Beratungskonzepten des Franko-Amerikaners Clotaire Rapaille auf eine Minimalversion geschrumpft ist.

Die seriöse und unabhängige Hirnforschung zeigt indes mit haltbarer Plausibilität: Die vernetzte Kompetenz von Menschen ermöglicht dann, wenn plötzlich neue Herausforderungen entstehen, eine schnellere und angemessene Reaktion. Der Grund ist ganz einfach. Menschen erleben ihre Welt aus je individueller Sicht im Rahmen ihrer Bezugsgruppen. Sie sind Teil der „Contemporary Culture", jeder und jede auf seine Art und Weise. Alle bewegen sich in bestimmten Sektoren dieser Welt, die gleichzeitig auch Teile der Unternehmensumwelt sind. Das heißt, dass viele Menschen auf unterschiedliche Weise Veränderungen spüren, hier und da auch Belege finden, aber die Konsequenz nicht sehen können. Wenn nun aber die Veränderungen eine Verdichtung erfahren, dass sie sich konkret benennen lassen, erhalten diese individuellen Beobachtungen plötzlich einen Sinn. Die Haltbarkeit der Plausibilität dieser Interpretationen ergibt sich nicht nur aus den unmittelbaren Befunden der Neurowissenschaften, sondern aus ihrer Anschlussfähigkeit an Soziologie, Psychologie, Lerntheorien der Bildungswissenschaften und Einsichten der differenzierteren Wirtschaftswissenschaften. Die Perspektiven ergänzen sich.

Die Hoffnung aber, dass durch diese vernetzten wissenschaftlichen Zugänge, durch die Nutzung der wechselseitigen Entsprechungen endlich ein berechenbares Handlungssystem der Menschen in ihrem Alltag entdeckt werden könnte, erfüllt sich nicht. Gerade die Ausdrucksaktivitäten, mit denen sich das kulturelle Teilsystem Wirtschaft beschäftigt, entwickelt eine unglaubliche Variationsbreite: Contemporary Culture. Diese Kultur verändert sich zudem ununterbrochen. Und auch diese Veränderungen sind nicht überall gleich oder gleich schnell. Daher sind – abgesehen von natürlichen Prozessen wie dem Klimawandel oder politischen Entwicklungen wie dem Zerfall des Ostblocks – Veränderungen immer relativ zum Geschäftsfeld von Unternehmen zu sehen. Generelle Szenarien sind vor diesem Hintergrund als Kontextbeschreibungen zwar hilfreich. Sie ersetzen aber niemals die auf den Alltag der jeweiligen Unternehmensumwelten gerichtete Kompetenz der Mitarbeiterinnen und Mitarbeiter des jeweils konkreten Unternehmens. Jedes

Unternehmen ist ein Unikat, eine geistige Einheit, mithin ein in dieser Umwelt lernendes, was wiederum auch heißt kommunizierendes Unternehmen. Gleichzeitig, das ist schon angedeutet worden, gestaltet jedes Unternehmen seine Umwelt mit. Aus diesem Grund ist es auch unsinnig, auf die Strategien der Trendforscher zu setzen, die Weblogs oder Schwarmintelligenzen zum Ausgangspunkt von Marketingkonzepten erheben. Gegenüber dem, was als Intelligenz der Blogs oder als Schwarmintelligenz gepriesen wird, basiert die geistige Arbeit im Unternehmen auf konkreten Fragestellungen, die von identifizierbaren Personen behandelt werden, die sich daher auch diskutieren, modifizieren, in Zweifel ziehen oder einfach nur gemeinsam überdenken lassen – und zwar in einem Prozess des wechselseitigen Vertrauens.

Diese Fragestellungen müssen, folgt man dem gemeinsamen Grundgedanken der im nächsten Kapitel zitierten Kreativitätsforscher, ausreichend weitläufig sein, um einen weit gespannten Wirklichkeitsbezug zu garantieren. Sie müssen motivierend sein, um die Personen im Unternehmen zu einer Teilhabe zu bewegen. Sie müssen klar auf die Unternehmensziele bezogen sein. Das Netz der Personen soll möglichst unterschiedliche Positionen verknüpfen, die sich zu Clustern bündeln können. Diese Cluster dürfen sich wiederum aber nicht verewigen, das heißt: organisatorische Strukturen annehmen.

Genau das ist mit der pragmatischen Metapher gemeint, die eingangs formuliert worden ist. Damit niemand zurückblättern muss, will ich hier noch einmal Singers Antwort auf die Frage, ob die Wirtschaft etwas von der Hirnforschung lernen könne, zitieren: Das Gehirn sei „der lebende Beweis für die Tragfähigkeit eines distributiv organisierten, sich selbst stabilisierenden Systems, das ohne Konzernchef auskommt. Kritisch ist hierbei die Auslegung der Interaktionsgeflechte. Im Gehirn hat die Evolution tragfähige, offenbar sehr effiziente Lösungen gefunden – und hierüber wissen wir noch nicht genug. Ein Unternehmen muss, genauso wie ein Gehirn, über ein zentrales Bewertungssystem verfügen, das in der

Lage ist, die jeweiligen Systemzustände zu beurteilen. Diese Botschaft muss laufend an die Systemkomponenten rückvermittelt werden, um den Selbstorganisationsprozess zu befördern."

Führungskräfte, die sich aus den Modellvorstellungen der klassischen Strategien befreien, realisieren also dieses Prinzip geistiger Arbeit, das, der pragmatischen Metapher folgend, „Connectivity" genannt werden kann. Dieses Wort ist nicht ganz authentisch zu übersetzen. Am ehesten würde „aktivierbare Vernetztheit" passen, als Beschreibung eines Zustandes steter Wachsamkeit („Surveillance") auf der Grundlage der allseitigen und allzeitigen Kommunikation und Verknüpfung der unterschiedlichen Lebensbereiche der Mitglieder des Unternehmens.

Diese „Connectivity" sichert breitflächig und koordiniert die Rückmeldungen aus der Wirklichkeit der Unternehmensumwelt. Sie stützt auf eine unprätentiöse und wenig aufwändige Weise den Realitätsbezug bei Entscheidungen. Wenn es gelingt, motiviert durch zentrale Fragen die Realitätssicht kontinuierlich offen zu halten, fließt sie durch die Kommunikation aller mit allen in jede Entscheidung ein. Sie fundiert eine breite Erfahrungsbasis, auf der strategische und operative Vollzüge aufbauen. Die Sicherheit der Entscheidungen, die auf diese Weise entsteht, wird oft als „Intuition" bezeichnet. Aber diese Intuition ist, wie die Neurowissenschaften überzeugend darlegen, Ergebnis einer langen und im Kopf auf einen konkreten Impuls hin koordinierten Erfahrung. In pop-psychologischer Wendung war dies, stark reduziert auf Oberflächliches, die Aussage von „Blink", des amerikanischen Soziologen Malcolm Gladwell. Das Problem dieser Popularisierung, die dann durch die Medien gejagt wird, besteht in der Beliebigkeit. Die wechselseitige Adaption von Geist und Wirklichkeit und die daraus entstehende Handlungsfähigkeit ist aber alles andere als beliebig und mehr als eine feuilletonistische Randbeschäftigung des Geistes. Dem, was die moderne Wissens-BWL „Information" nennt, und der so genannten „Business Intelligence", die auf den Informationen aufbauend das „Knowledge Management" des Unternehmens begründen, wird in diesem Prozess eine weitere Größe hinzugefügt. Sie müsste in der Logik der verbreiteten Anglizismen „Acquaintance" genannt werden, Vertrautheit mit der Wirklichkeit, mit ihren demografischen, kulturellen, historischen, soziologischen Besonderheiten, auf deren Grundlage die Bedeutung einzelner empirischer Informationen erst sichtbar wird.

10. Kommunikative Aktivierung des Geistes

Statt der Monokultur der Perspektiven der Führung und des Führungsnachwuchses könnte die koordinierte Vielfalt der Zugänge zu den Umwelten des Unternehmens die Realitätssicht deutlicher vergrößern und differenzieren. Soziologen, Wirtschaftshistoriker und Kreativitätsforscher charakterisieren dieses System des kommunikativen Lernens durch den Begriff der „Connectivity", ein Begriff, den auch Neurowissenschaftler zur Beschreibung der geistigen Aktivitäten im menschlichen Gehirn verwenden. Überhaupt zeigt sich zusehends auch an der Arbeit weiterer wirtschafts- und sozialwissenschaftlicher Autoren, dass die pragmatische Metapher der neuronalen Vernetzung durch hierarchiefreie Kommunikation im Unternehmen eine große Modellwirkung haben könnte. Hierarchiefreiheit bedeutet dabei nicht die Auflösung der Entscheidungsstrukturen, sondern – je nach Fragestellung – die systematische Nutzung der unterschiedlichen individuellen Geister. Auch die Notwendigkeit strategischer und operativer Systeme ist nicht in Frage gestellt. Nur ihre Gestaltung kann durch Impulse aus dieser Kommunikation beeinflusst werden. Dieses Prinzip ist hier allein auf die „problemöffnende" Kommunikation im Unternehmen zu beziehen, also auf die Berücksichtigung des Wissens der Mitarbeiterschaft um die Alltagskultur. Voraussetzung für das Gelingen einer solchen kommunikativen Infrastruktur ist wechselseitiges Vertrauen. Unmerklich realisiert sich das einzig tragfähige Managementkonzept, das für alle verbindlich sein könnte: die Idee der offenen Kreativität in disziplinierter Kommunikation, die an wichtigen Knotenpunkten des Unternehmensgeistes ansetzt.

Soziologische Modellierung: Vernetzung der individuellen Geister

Individueller Geist inspiriert die Geister der anderen, und auf diese Weise entwickelt sich eine Kultur der „Surveillance", der allseitigen Aufmerksamkeit gegenüber den Welten, in denen das Unternehmen tätig ist. So entstehen Frühwarnsysteme für denkbare Herausforderungen, wenn es gelingt, die „aktivierbare Vernetztheit" auch tatsächlich zu aktivieren. Solche „Surveillance"-Prozesse sind ja in vielen Unternehmen institutionell verankert – durch Trendforschungsabteilungen und Marktanalytiker beispielsweise. Doch alle nennenswerten Theoretiker und Praktiker, die sich seit den 70er Jahren mit Möglichkeiten der vorauseilenden Strategieentwicklung, mit Weak Signal Research und entsprechenden Trenderkennungsmethoden beschäftigt haben (Igor Ansoff, Fredmund Malik, Rudolf Mann, Henry Mintzberg), fanden am Ende nur ein funktionsfähiges System. Sie alle betonen, dass diese konzeptionierten Einrichtungen niemals die Kraft der in einer kommunikativen Kultur integrierten Individuen erreichen. Das Problem derartiger Einrichtungen ist hinreichend beschrieben worden: Es sind im Prinzip konservative Einrichtungen, die nur auf abrupte Veränderungen im Umfeld schwerfällig reagieren und eine Tendenz zur Beharrung ihrer inneren Strukturen aufweisen. Sie sind Kostenstellen. Sie unterliegen einer Logik, die sie daran hindert, mit Unlogik umzugehen. Trotzdem bieten sie Sicherheit. Das Problem ist nur, dass sie nicht für alle Fragen, auf die sie angewendet werden, Sicherheit bieten, zum Beispiel bei der Erfassung der Wirklichkeit (das Marktes, des Kunden, des Lesers, der Zielgruppe, was auch immer). In der Praxis verkürzt sich die Weltsicht auf die durch die gewählten Parameter erfassbaren Aktivitäten. Eine überraschende Parallele tut sich auf: So wie in den Messungen der Neuroökonomie die kulturelle Befestigung einer Marke in den Hintergrund rückt, die im Kopf für Aufruhr sorgt, werden in der klassischen Marktforschung die Geschichten ausgeblendet, die zu den Ergebnissen führen.

Die individuellen Geister hingegen haben den Vorteil der unorganisierten und anarchischen Beziehungen zur Welt, jeder und jede auf seine Weise, weil sie ja nun einmal gleichzeitig Mitarbeiterinnen und Mitarbeiter und Menschen des Alltags sind, Marktteilnehmer, wie man so schön sagt. Sie sind gleichzeitig Individuen, die in den Unternehmen und in der Geschichte der Unternehmensumwelten leben. Je homogener die Repräsentanten der innerbetrieblichen Kommunikation ausgewählt werden, desto weniger Bezüge zur Unternehmensumwelt lassen sich realisieren. Wenn vor allem die Auskünfte über die Wirklichkeit derer, die in den umfriedeten Szenebiotopen der neuen metropolitanen Brennpunkte des Talents leben, die Unternehmenskommunikation bestimmen, verdichtet sich, wie der Soziologe Michael Hartmann überzeugend nachgewiesen hat, die Habitusformen einer bestimmten Gruppe. Wichtige andere Bezüge zur ganzheitlichen Wirklichkeit geraten aus dem Blickfeld. Statt der Monokultur der Perspektiven der Führung und des Führungsnachwuchses, könnte die koordinierte Vielfalt der Zugänge zu den Umwelten des Unternehmens die Realitätssicht deutlicher vergrößern und differenzieren. Dieser Vorteil ist allerdings nur dann zu genießen, wenn die Mitglieder aus den unterschiedlichsten Bereichen des Unternehmens und der Unternehmensumwelt die Möglichkeit haben, sich zu äußern.

Niemand weiß, was die Leute wissen, was sie denken, was sie sehen – mit anderen Worten: ob es überhaupt richtig ist, dass ihre individuellen Anschauungen so anarchisch und beliebig sind. Die Anzeichen sprechen dafür, dass sie eher im Gegenteil sogar sehr systematisch sind: In den Gesprächen am Mittagstisch zum Beispiel zeigt sich eine Art „Mainstreaming" der Beobachtungen – eine allmähliche Verfertigung eines systematischen Denkens im Prozess des Denkens: Die Idee, einen Diskurs mit den Beratern im Unternehmen zu führen statt auf deren vorgegebene Befragungen zu antworten, entsteht hier.

Doch niemand will das hören.

Folglich entsteht Irritation.

Das eigene Unternehmen dient kaum noch als Bezugsrahmen eines sinnerfüllten Handelns. Die Arbeitsziele sind immer häufiger abstrakt und lösen Befremden aus, wenn nicht Entfremdung. In den Gesprächen am Mittagstisch (und in den 2. Klasse-Abteilen und Bistrowagen der ICEs) zeigt sich diese Entfremdung auch als Ergebnis eines gescheiterten Versuches, die Unternehmensziele in Einklang mit dem gesellschaftlichen Selbstverständnis zu bringen. Das war ja eines der Gespräche: Wenn Kapital in erster Linie zur Aufgabe eingesetzt wird, Kapital zu generieren und dies auf eine Weise, die sich von der greifbaren Logik des klassischen Äquivalententausches immer mehr entfernt – durch Finanzderivate, Futures, Optionen, Index-Fonds –, dann ist das Ergebnis der eigenen Arbeit intellektuell nur sehr schwer nachzuvollziehen, vor allem für die Mitarbeiterebenen, die noch nach Tariflöhnen bezahlt werden. Wenn gleichzeitig Vorstandsvorsitzende großer Konzerne (zusehends aber auch mittlerer Unternehmen) selber von den Agenten dieser Ziele getrieben sind, von Finanzanalysten und Private-Equity-Firmen und dies zur Legitimation ihrer Renditevorstellungen erheben, entfällt auch die Möglichkeit der zwischenmenschlichen Orientierung. Die Konsequenz ist oft genug beschrieben worden: Motivationsverlust, Irritation bei der eigenen Standortbestimmung im Unternehmen, Unsicherheit darüber, ob ein kreativer Gedanke überhaupt in diese neue Kultur der Kapitalmarktorientierung passt, und natürlich immer wieder die Frage nach dem Sinn. Das einzig klar ersichtliche Element ist die Hierarchie des Unternehmens. Die lebt fort, ganz gleich, wie „lean" oder „lateral" oder „flat" die offiziellen Vorstellungen es beschreiben.

Gleichzeitig kursieren Metaphern von „lernenden Unternehmen", durchsetzt mit abstrakten Belobigungen der Mitarbeiter, die „als wertvollste Ressource" mit ihrem „Wissen" als „Humankapital" gar das volkswirtschaftliche „Humanvermögen" bereichern, um eben jene Probleme zu lindern oder zu lösen, die durch die globale Konkurrenz und die Kapitalmarktlogik entstanden sind. Alle sind verantwortlich, hören alle, aber kaum einer weiß, wie. Vage spukt das Bild eines „überindividuellen Superorganismus" vernetzter Fantasien und Erfahrungen durch die Sonntagsreden und „Chef-Serien". Die pragmatische Metapher der geistvollen Kommunikation lebt – aber eben nur als rhetorische Metapher. Dieses Verhalten schafft weitere Irritation, weil alle spüren, dass diese Idee ja richtig ist, nur in der Wirklichkeit zugunsten der kurzfristigen Nutzwertperspektive vernachlässigt wird. Die wertvollen Gedanken, die überraschenden Beobachtungen und Widersprüche, die sich den individuellen Geistern offenbaren, bleiben unausgesprochen. Wesentliche Innovationskräfte liegen brach. Als offizielle Gründe für Innovationsstau und mangelnde Kreativität (siehe „Chef-Serien") erscheinen dann Motivationsverlust und mangelndes Interesse an Technik, Jammerkultur, Visionslosigkeit.

Die Soziologie hat das Problem vor langer Zeit schon aufgegriffen und mit der Illusion von der organisationstechnisch umsetzbaren Kreativität aufgeräumt. Der Industriesoziologe Stefan Kühl hat mit seinem Buch „Sisyphos im Management" eindringlich das Märchen von der durchorganisierten Unternehmen widerlegt und Peter Scott-Morgan bestätigt, der die Kraft der ungeschriebenen Gesetze im Jahr 1994 erstmalig offen beschrieb. Peter Kappelhoff, ein Bielefelder Soziologe, hat in minutiöser Analyse der Anwendung evolutionstheoretischer Ideen auf Unternehmen gezeigt, dass damit nicht mehr als eine anmutige Fabel entsteht. Alle genannten Autoren und viele andere kommen am Ende immer auf das Prinzip der „Connectivity" zurück. Werner Rammert, Soziologe und Unternehmensforscher an der Technischen Universität Berlin, dreht die Perspektive um und fragt, welche Gründe für die Lähmung der Innovationskräfte verantwortlich gemacht werden könnten. Im Versuch einer Antwort greift er interessanterweise alle die in der „Chef-Serie" beklagten Mängel auf, findet dann aber zu einer Antwort, die eher an die unausgesprochenen Wünsche aus der „Mitarbeiter-Serie" erinnert: „Was bewirkt den Innovationsstau? Was bremst die technische Entwicklung? Auf diese Frage nach der Ursache werden verschiedene Antworten gegeben. Für die einen ist es der erlahmende Erfindungsgeist, für die anderen sind es die lähmenden Bedingungen für Erfinder. Für die einen ist es der Verfall der Forschung an den Universitäten, für die anderen ist es ihre Verselbständigung in den großen Forschungseinrichtungen. Für die einen ist es die mangelnde Risikobereitschaft der deutschen Banken, für andere ist es der Verlust von Unternehmungsgeist in den Großunternehmen. Für die einen sind es die vielen rechtlichen Regelungen und bürokratischen Hemmnisse, weil sie Unübersichtlichkeit schaffen und innovative Unternehmen ins Ausland vertreiben, wie im Bereich der Biotechnik. Für die anderen sind es die fehlenden Regulationen, weil sie die Richtung der Entwicklung im Ungewissen und das Risiko für Investitionen anwachsen lassen, wie auf dem Gebiet der Telekommunikation."

Aber all das, sagt Rammert, bietet keine hinreichende Erklärung. Der Blick muss sich auf die Akteure richten, die in diesen Innovationsprozessen eine Rolle spielen. Sie müssen eingebunden sein, sie müssen Zusammenhänge begreifen und sich selbst in diesen Zusammenhängen verortet sehen, um dem Innovationsprozess einen sowohl betrieblichen als auch persönlichen Sinn abgewinnen zu können. Rammert weist darauf hin, dass ohne eine solche Integration ein paradoxer Effekt eintritt: „Je mehr der technische Wandel in den verschiedenen Phasen und auf den unterschiedlichen Feldern beschleunigt wird, desto stärker wird das Tempo der gesamten konzertierten Innovation gebremst. In einem heterogen verteilten System der Innovation wachsen nämlich die Koordinationsprobleme zwischen den unterschiedlichen Motiven und die Synchronisationsprobleme der unterschiedlichen Tempi an. Musikalisch gesehen erzeugen die vielen ‚Accelerandos' der einzelnen Melodien eine steigende Disharmonie und ein ‚Ritardando' im Gesamtkonzert. Gefragt ist also ein neues Innovationsregime, das der Herausforderung der reflexiven Innovation gewachsen scheint und einen Koordinationsmechanismus kennt, der Vielfältigkeit und Ambivalenz toleriert, rekursives Lernen besser begünstigt und Zeitdifferenzen zulässt."

Was tun?

„Gefordert", meint der Soziologe, „ist gegenwärtig ein Antriebs-
mechanismus, der die Nachteile der beiden anderen (Markt und
Organisation) vermeidet und ihre Vorzüge vereint. Netzwerke
scheinen gegenüber dem Markt und hierarchischer Organisation
diese besondere Eigenschaft zu besitzen. Statt auf Tausch und
Anweisung beruhen sie auf Verhandlung. Statt über Geld und
Macht werden sie über Vertrauen geregelt. ... Vertrauensbezie-
hungen verringern die Unsicherheiten, ohne die Unterschiede zwischen den Ereignissen und ihren Zeitrhythmen so einzuebnen, wie
es Organisationen normalerweise tun. In zeitlicher Hinsicht lassen
Netzwerke heterogene Einheiten, unterschiedliche Tempi und
einen offenen Zeithorizont zu. Diese Eigenschaft macht sie in
meinen Augen zu einem überlegenen Mittel, die zunehmende Vielfältigkeit im verteilten System der Technikerzeugung durch lockere
Kopplung und zeitlich flexibel zu koordinieren."

Dynamische Einsicht:
Vielfältige Wirklichkeitserfassung

Um die Reichweite einer solchen These zu prüfen, wie Rammert
sie formuliert, bietet es sich an, die Auffassungen von Kreativitäts-
forschern zu studieren, vor allem solcher Kreativitätsforscher, die
im Umfeld neurowissenschaftlicher Fragestellungen arbeiten, wie
zum Beispiel Howard Gardner, Psychologe und Erziehungswis-
senschaftler an der Harvard University. Er hat vor wenigen Monaten ein neues Buch auf den Markt gebracht: „Five Minds for the
Future", was man am ehesten mit „fünf geistige Fähigkeiten" ü-
bersetzen könnte, die einen zukunftssicheren Geist charakterisieren: „disciplined, synthesizing, creating, respectful, and ethical".
Fachkompetenz, Kompositionsfähigkeit, schöpferische Kraft,
wechselseitiger Respekt und Vertrauen also und schließlich die
Fähigkeit zur Abwägung schädlicher Folgen. Es ist ein Konzept
kommunikativen Lernens, auf das die Argumentation insgesamt
hinausläuft.

In ähnlicher Weise, wenngleich etwas ausgreifender und metaphorischer, argumentiert Jared Diamond, Analytiker des Untergangs ganzer Kulturen. Sein Buch „Kollaps" stand auch auf deutschen Bestsellerlisten. Er zog schon im Jahre 1999 unter der koketten Überschrift „How to get rich" gewagte Parallelen und bewies damit, dass er zumindest über schöpferische Disziplin verfügt. Dabei ist die wesentliche Frage, mit der sich alle beschäftigen müssen, die nach dem optimalen Weg, menschliche Gruppen, Organisationen, ja ganze Volkswirtschaften zu gestalten, um eine möglichst hohe Produktivität, um Kreativität, Innovation und Reichtum zu garantieren. „Should your human group have a centralized direction, in the extreme having a dictator, or should there be diffuse or even anarchical organization? Should your collection of people be organized into a single group, or broken off into a number of groups, or broken off into a lot of groups? Should you maintain open communication between your groups, or erect walls between them, with groups working more secretly? Should you erect protectionist tariff walls against the outside, or should you expose your business or government to free competition?"

Viele Fragen, aber gibt es eine Antwort?

Diamond kommt auf der Grundlage seiner Forschungen zum Untergang ganzer Zivilisationen zu diesen Schlussfolgerungen: „First, the principle that really isolated groups are at a disadvantage, because most groups get most of their ideas and innovations from the outside. Second, I also derive the principle of intermediate fragmentation: you don't want excessive unity and you don't want excessive fragmentation; instead, you want your human society or business to be broken up into a number of groups which compete with each other but which also maintain relatively free communication with each other. And those I see as the overall principles of how to organize a business and get rich." Und das wollen wir ja nun alle.

Führungskräfte, die für eine Öffnung der unternehmerischen Innovationskultur stehen, verfahren offensichtlich nach genau diesem Prinzip und ignorieren die ungeschriebenen Gesetze, nach denen die schnelle, angepasste Karriere den größten Erfolg bringt.

James M. Citrin, einer der Autoren der Studie „Lessons from the Top", schreibt sieben Jahre später auf der Basis weiterer Studien: Erfolgreiche Führungskräfte „erlauben es sich sogar, sich in einem frühen Stadium ihrer Karriere treiben zu lassen, in einer großen Vielfalt funktionaler Bereiche Erfahrungen zu sammeln und ganz selbstverständlich jene Dinge anzustreben, die sie am besten können und am meisten mögen. Sie versuchen nicht, sich die Karriereleiter anderer hinaufzuzwingen. Es ist allerdings ein strategisches ‚Sich-treiben-Lassen', ein Austesten verschiedener Punkte im Arbeitsleben, um zu bestimmen, wo ihre wahren Stärken, Leidenschaften und Passungen liegen." Die anderen geraten in die Gefahr, sich, wie Zachary Young schrieb, zu Persönlichkeiten zu entwickeln, die ihren „Tools" immer ähnlicher werden. Vermutlich ist eine solche Geisteshaltung in manchen Positionen der reinen finanzmathematischen Vollzüge sehr ertragreich. Wenn es aber um die langfristige Bestimmung der Unternehmensziele geht, ist eine „kontextuelle Anreicherung" unerlässlich.

Der Geist, der differenzierend mit diesen Dingen umgeht, vermag sehr wohl die instrumentelle Fokussierung auf einen Geschäftszweck von dem zu unterscheiden, welchen Wesens das alles „da draußen" ist, das er in seiner erzwungenen Beschränktheit als „Unternehmensumwelt" wahrnimmt.

Das „da draußen" ist Alltag, Kultur, Geschichte, Leben. Das da draußen ist kein Markt für Energieversorger, für Putzmittelhersteller und Haute-Couture-Schneider, für Finanzdienstleister oder Autohäuser. Das da draußen ist eine Ganzheit, in der Menschen versuchen, sinnvoll und auskömmlich zu leben, dabei auch gelegentlich die Dienste von Energieversorgern, Putzmittelherstellern und Haute-Couture-Schneidern, von Finanzdienstleistern oder Autohäusern in Anspruch nehmen – und zwar so, dass das eine zum anderen passt (vorausgesetzt, man kann es sich leisten). Das ist mit dem Begriff des „Milieus" ausgedrückt, mit dem korrespondierenden Begriff des „Habitus" verdichtet auf die Ausdrucksaktivitäten von Menschen, denen es ziemlich egal ist, wer ihnen Angebote macht, solange diese Angebote in ihre Alltagskultur passen. Unternehmen und ihre Repräsentanten sind, rein technisch gesprochen, abhängige Variablen einer Kultur. Immerhin prägen sie aber als integrierte Bestandteile diese Kultur mit. Daraus beziehen Unternehmen einen großen Teil ihres Images – eine Tatsache übrigens, die bei Markenpräferenzen überhaupt nicht untersucht wird.

Wenn sich später in den Brain Labs dann Markenpräferenzen messen lassen (vorausgesetzt, es sind tatsächlich diese Markenpräferenzen, die zu den gemessenen Aktivitäten führen, was ja noch umstritten ist), dann spiegelt sich in diesen Messergebnissen eine lange Geschichte erfolgreichen Marketings. Diese Experimente der Neuroökonomie sind also nichts anderes als Bestandsaufnahmen erfolgreicher Markenführung. Insofern sind die Ergebnisse kaum brauchbar, wenn sie auf neue oder unattraktive Marken angewendet werden, auf Marken ohne emotionale Aufladung, etwa Strom, Gas, Abfallentsorgung oder gar die vielen Teile der Zulieferer für die Autoindustrie oder Spezialbehältnisse für Chemieabfälle.

Diese Unternehmensaktivitäten, im Jargon der sektoralen Intelligenz B2B genannt, werden sich kaum in nennenswerten neuronalen Erregungen niederschlagen. Sie werden erst dann zu messbaren Erregungen führen, wenn sie in den Kontext eines emotional aufgeladenen Produkts integriert werden. Da nun aber die Hersteller solcher Komponenten – Prozessoren, Wandler, Messgeräte, elektronische Bauteile, Sensoren – in den innovativen Prozess der Produktentwicklung und -verbesserung eingebunden sind, werden sie über den Horizont ihrer Spezialtätigkeiten hinausblicken müssen und die Alltagskultur verstehen müssen. Nur am Rande sei angemerkt, dass die in den betrieblichen Kommunikationsprozess fest integrierten Mitarbeiterinnen und Mitarbeiter ihre Kenntnisse sicher auch ambitioniert in der Öffentlichkeit anbringen und auf diese Weise hervorragende Werbeträger sind.

Das Prinzip der vernetzten, kreativen Geister gilt auch in diesen Bereichen, die von der Neuroökonomie, und vom Neuromarketing schon gar, bislang überhaupt nicht berührt worden sind. Vielleicht gilt sie in diesen Bereichen besonders, weil sie ja über nur mittelbare Rückmeldungen über die Akzeptanz ihrer Produkte verfügen. Eine zentrale Frage, die in Gesprächen mit den Führungskräften solcher Unternehmen immer wieder diskutiert wurde, war die Frage nach der emotionalen Positionierung des Unternehmens über die Produkte. Wie kann man Strom attraktiv machen? Wie lässt sich ein Hersteller von Antriebsaggregaten für Gabelstapler öffentlich darstellen? Die Antwort ist natürlich immer von den individuellen Bedingungen abhängig, von der geschichtlichen Verankerung in der Region, von der Sicherung der Arbeitsplätze, vom Beitrag zum kulturellen Leben und vielem anderen – immer aber führt der Weg zur Einsicht in die Wirklichkeit über die Mitarbeiter, die in dieser Wirklichkeit zu Hause sind und dort die Antworten erfahren.

Da die Welt, auch und vor allem die Wirtschaftswelt, eine geistige Konstruktion ist, kann es eine verbindliche Theorie dieser Welt logischerweise nicht geben. Meist dominiert dennoch die Idee, dass einem berechneten Stimulus ein berechenbarer Erfolg (Response) folgen muss. Dieser Vorstellung folgt dann jede Dramaturgie in geradezu abergläubischer Disziplin. Wenn nicht am Ende klare Schrittfolgen stehen, taugt die Sache nichts. Noch weniger, wenn nicht zumindest die Illusion genährt wird, man könne in einem bestimmten Zeitraum messen, wie hoch der „Return on Investment" sich darstellt. Aus dieser Haltung resultieren ja die weiter oben beschriebenen geradezu kabarettistischen Versprechungen, Kreativitätszuwächse in Prozentwerten prognostizieren zu können. Mit dem Geist, auch dem des Unternehmens, verhält es sich aber so wie mit Ideen: Sie entstehen nicht aus einem Nichts, nur weil sie nicht das Ergebnis von Planungen sind. Sie entstehen – „Blink" – aus den Impulsen, die in einem Netzwerk unterschiedlicher Betrachter auf der Grundlage individuell gesammelter und kollektiv geteilter Erfahrungen bewertet, diskutiert und zu einem Lösungsmuster ausformuliert werden. Auch dafür findet sich ein Begriff, der sowohl in der Management- wie in der Forschungssprache beheimatet sein kann: Diversity.

Tolerante Kooperation: Vertrauensvolle Entfaltung des Geistes

Dieses Prinzip lässt sich durch nichts ersetzen. Das ist das Fazit der bislang untersuchten Aussage von Neurowissenschaftlern, Pädagogen, Soziologen, Wirtschaftswissenschaftler und Organisationsexperten. Die Beschäftigung mit dem Thema hat aber auch gezeigt, dass es trotzdem immer wieder versucht wird. „Wenn es darum geht, wieder in Fahrt zu kommen, werden viele Patentrezepte ausprobiert", schreibt Rammert. „Es werden überall ‚Erfinder- und Innovationspreise' ausgelobt. Es werden landauf und landab ‚Erfinderbörsen' und ‚Technologieparks' eingerichtet. ‚Existenzgründer' werden beraten und begleitet. Es wird zunehmend Risikokapital mobilisiert. Es soll mit den Worten des Bundespräsidenten Roman Herzog ein ‚Ruck' durch die ganze Gesellschaft gehen, der den Motor wieder auf Touren bringt." Alles das ist nicht falsch, um das noch einmal zu betonen, alles das ist sogar unerlässlich.

Ein Problem entsteht nur dann, wenn die sektorale Intelligenz diese Initiativen zum Ersatz geistiger Arbeit erhebt. Denn diese Strategien erreichen nicht die Komplexität, die nötig wäre, um in einem geistigen Prozess jene Aufgabe zu bewältigen, die der heute wesentliche Protagonist der „New Growth Theory", Paul Romer, beschwört: Ideen zu entwickeln. Ideen entwickeln heißt für den Stanford-Wissenschaftler ganz einfach: aus vorgegebenen Komponenten neue Arrangements zu schaffen.

Es ist eine Illusion zu glauben, in der Bundesrepublik, dem Land der Ideen, herrsche nur ein Mangel an Umsetzungsbereitschaft. Es herrscht ebenso ein Mangel an zukunftsträchtigen Ideen, weil die Vernetzung von unterschiedlichen Akteuren noch zu gering ist. Dass die Neurowissenschaften, namentlich die Hirnforschung, sich in einen intensiven Diskussionsprozess mit der Philosophie begeben hat, sollte eigentlich in der Wirtschaft als Fanal verstanden werden, das Prinzip zu übernehmen. Stattdessen werden – in opportuner Affirmation – nur jene Teile der Neurowissenschaften übernommen, die sich in die alten Konzepte einfügen lassen.

Ideen sind Produkte intellektueller Tätigkeit, die sich aus vielen Impulsen nährt. In diesem Sinne ist auch aus Rammerts Überlegungen ein klares Fazit abzuleiten: „Wenn weder der … risikofreudige Erfinder-Unternehmer noch der kapitalistische Konzern, weder der kreative Wissenschaftler noch die staatliche Großforschung allein den Gang der Innovation bestimmen können, dann werden die Innovationsnetzwerke zu den bestimmenden Agenturen …. Neuerungen sind Netzwerkeffekte. Innovationen entstehen im Netz. Innovationsnetzwerke sind der neue Motor der technischen Entwicklung."

Ein Schritt ist noch notwendig, den der Soziologe nicht geht, den aber der Wirtschaftswissenschaftler Paul Romer wagt: eine Definition von Innovationsnetzwerken, die über die fest gefügten Organisationen dieser Art hinausgeht und jeden einzelnen Mitarbeiter einbezieht. Es ist klar geworden, dass in den Mittagstisch- und After-Work-Gesprächen der Mitarbeiter eine Menge von Ideen geboren werden, die sich aber einfach in Luft auflösen, weil sie nie im Unternehmen weiter wachsen können. In einem bildgebenden Verfahren würde sich zeigen, dass die heftige Aktivität dieses Areals in keiner Verbindung zu anderen heftigen Aktivitäten anderer Areale steht. Diese Verbindung herzustellen, ist eine wichtige

Führungsaufgabe. Ihre Behinderung scheint nämlich die Folge von autoritativen Strukturen zu sein, die die klassische Hierarchie im Unternehmen auch in der geistigen Arbeit abbilden. Wo Hierarchien dieser Art nicht bestehen, vernetzt sich alles, was denkbar ist, von selbst. In einer Diplomarbeit über die Wolfsburg AG hat einer meiner Studenten, Moritz Wessel, die Kommunikationsprozesse dieses im Jahre 1999 gegründeten Technologieparks untersucht, der heute etwa 8 000 Beschäftigte zählt. Da Informationen über diesen Technologiepark leicht zu erhalten sind, beschränke ich mich hier auf wenige Bemerkungen, die für dieses Thema wichtig sind. Die wichtigste beinhaltet den Hinweis auf die Vernetzung öffentlicher und privater Partner und der Stake- und Shareholder innerhalb eines strategischen Gesamtkonzepts und damit auf eine, wie der Generalbevollmächtigte der Wolfsburg AG, Frank Woesthoff, es ausdrückt: „ausgeprägte Kooperationskultur". Die ist vorhanden, wenngleich Wessel in seinen Beobachtungen und Gesprächen auf eine eigenartige Praxis gestoßen ist: Viele der jungen Akteure in diesem Business-Areal suchen bei konkreten Problemen (auch) ihre alten Freunde irgendwo in der Welt auf, um sich mit ihnen zu besprechen. Sie dehnen also die Horizonte ihrer Kommunikation aus, um sich eine größere Sicherheit durch äußere Impulse zu verschaffen. Informelle Zirkel, frühere Bekanntschaften, die Verlässlichkeit des Vertrauten, die Möglichkeit, sich auch in einer anderen Sprache zu verständigen und trotz der gemeinsamen Interessenlage die Horizonte überschreiten zu können, systematische Nutzung der unterschiedlichen Charaktere im Sinne jener Netzwerk-Intelligenz, die der Soziologe vor wenigen Abschnitten beschrieben hat: Diversity.

Diversity ist kein blutleerer Begriff (wenngleich die Benutzung der Vokabel in der Praxis meist uninspiriert und ohne tieferen Sinn als mathematisches Konzept eines irgendwie gearteten Ausgleichs gehandhabt wird): Gemeint ist aber etwas, das die klassische intellektuelle Elite auszeichnet, ihr pluralistischer Charakter, ihre differenzielle Mentalität, die Fähigkeit jedes Einzelnen, eine Sachlage aus unterschiedlichen Perspektiven zu betrachten und dabei gleichzeitig in einem vertrauensvollen Kommunikationskontext auf die Kompetenzen der Kollegen zurückgreifen zu können.

Diversity ist kein mathematisches Konzept, keine Quotierungsvorgabe.

Diversity ist eine Lebensart, in der die Individualität des menschlichen Geistes als inspirierender Input erlebt wird – und nicht als lästige Störung eingeschliffener Vorstellungen oder gar als Querulantentum. Schließlich schafft diese Diversität der Impulse jene in den vorangehenden Kapiteln beschriebene neue Art von Sicherheit in einer zunehmend unsicheren Wirtschaftssituation. Anstelle der vermeintlichen Sicherheit der Systeme entsteht eine neue Sicherheit, die, wie ebenfalls bereits dargelegt, durch das Vertrauen der Mitglieder eines Unternehmens begründet wird. Wenn weiter oben Vertrauen als eine urmenschliche, sogar naturgegebene Voraussetzung der Kommunikation beschrieben worden ist, kann hier nun die soziologische Bedeutung ergänzt werden. In einer Dissertation, die ich betreut habe und die im Frühjahr 2007 abgeschlossen wurde, beschäftigt sich die Autorin, Melanie Cordini, mit der Bedeutung von Vertrauen im mittleren Management. Sie schreibt: „Vertrauen ist die Grundlage und Folge von Beziehungen in sozialen Systemen und bildet sich aus dem Zusammenspiel seiner drei Ebenen, Systemvertrauen (hier speziell Organisationsvertrauen), persönliches Vertrauen und Selbstvertrauen, die sich im Grad ihrer Umfeldabhängigkeit unterscheiden und auf unterschiedlichem Wege stimuliert werden können."

Auf dieser Grundlage entfalte eine auf Vertrauen aufgebaute Organisation (in der Menschen einander vertrauen, in der man sich auf das Wechselspiel des Vertrauens verlassen kann und in der eine Institution Strukturen bereitstellt, die dieses Vertrauen ermöglichen) ihre Kraft. Die Ersparnis von Transaktionskosten ist eine wichtige Folge, verringert gleichzeitig den Bedarf an ständigem Informationsaustausch. Natürlich birgt eine solchermaßen agierende Kommunikation auch erhebliche Risiken, vor allem die verführerische Illusion, ein System, das gänzlich auf Vertrauen aufgebaut sei, sei zwangsläufig auch ein optimales System. Cordini verweist in diesem Zusammenhang auf eine Reihe sozialpsychologisch bedeutsamer Prozesse der allmählich wachsenden konzeptionellen Gemütlichkeit – die Entstehung eines Habitus-Zirkels, um es wissenschaftlich auszudrücken. Damit wäre die bereits skizzierte geistige Strategie bezeichnet, die aus einer anfänglichen Revolution des Denkens ein neues System schafft, das nach kurzer Zeit ebenso starr ist wie das alte. Um solche Prozesse zu vermeiden, ist es die Aufgabe der Führung in Unternehmen, die Kommunikation dynamisch und im Rahmen der strategischen Ziele das Bewusstsein für die unablässige und synchrone Veränderung von Unternehmen und Unternehmensumwelt wach zu halten. Hier scheint die Grundregel des Arbeitsalltags auf dem Kopf zu stehen. Es gibt kein inhaltliches Konzept, aber Standards der Kommunikation. So können auch ohne Erschrecken revolutionäre Gedanken gedacht und ausgetauscht werden. Unmerklich realisiert sich das einzig tragfähige Managementkonzept, das für alle verbindlich sein könnte: die Idee der offenen Kreativität in disziplinierter Kommunikation, die an wichtigen Knotenpunkten des Unternehmensgeistes ansetzt. Neben den institutionell verankerten strategischen und operativen Konzepten entsteht eine virtuelle Organisation, die sich an intellektuellen „Knotenpunkten" festmacht.

11. Pragmatische Metapher in der Alltagsarbeit

In der sozial- und wirtschaftswissenschaftlichen Forschung nennen wir repräsentative Knotenpunkte Sample-Points, Punkte, die in ihrer verknüpften Gesamtheit ein vorliegendes Muster repräsentieren. Für die Aufgabe der geistigen Arbeit im Unternehmen gilt im Prinzip die gleiche Logik: Es sollen möglichst repräsentativ die Perspektiven abgebildet werden, die im Unternehmen bestehen – wobei gleichzeitig auch die Beziehungen zur Unternehmenswelt einbezogen werden. Dieses Prinzip der Sample-Points nutzt das gesamte Fach- und Weltwissen der Mitarbeiterinnen und Mitarbeiter in der Vernetzung mit anderen Mitarbeitern, und indem das Prinzip der Gespräche in den Mittagsmenu-Restaurants zu einem Teil der Unternehmenskultur erhoben wird. Analog zum Begriff des Neuromorphic Engineering (womit das dem menschlichen Denken nachempfundene Computer-Programm gemeint ist) nenne ich dieses Modell die Neuromorphic Interaction (ein dem menschlichen Denkprozess nachgebildetes Kommunikationsprinzip). Die Idee, man könne daraus nun ein überall geltendes Modell entwickeln, widerspräche allerdings allen Erörterungen des Buches. Daher werden zum Abschluss dieses Kapitels nur einige Beispiele ausgebreitet, wie andere es gemacht haben. Wie es im konkreten Fall gemacht wird, muss jedes Unternehmen für sich selbst entscheiden. Denn jedes Unternehmen ist einmalig – in seiner Geschichte, in der Zusammensetzung der Menschen, die in ihm arbeiten, in seiner Umgebung. Es ist so einmalig, wie die Köpfe der Mitarbeiter einmalig sind und zusammen einen unverwechselbaren Geist erzeugen.

Intelligente Sample-Points: Personelle Repräsentanz der Vielfalt

Diese Knotenpunkte sind die Mitarbeiterinnen und Mitarbeiter aller Standorte und aller Hierarchieebenen. Sie müssen im Engagement für eine Sache, bewegt von intelligenten Fragen, die sich auf kurz-, mittel- und langfristige Ziele, Strategien und Visionen beziehen, ein Gemeinschaftsgefühl entwickeln. Denn durch sie, die Mitarbeiterinnen und Mitarbeiter des mittleren Managements, sind Einblicke in die ganz normale Alltagswelt zu gewinnen, die man sonst niemals wahrnimmt. Dort leben sie. Dort erfahren sie, was die Veränderungen, die in den „Chef-Serien" beschworen werden, im Alltag der Kunden bedeuten, Dort erleben sie die Reaktionen der Menschen, das heißt also auch der potenziellen Kunden, wenn sie von ihrer Arbeit und ihrem Arbeitgeber erzählen.

Aber wie? Nach welchem Konzept?

Die Fragen sind nahe liegend, legitim und trotzdem nicht zu beantworten. Der Grund ist in den gesamten vorangehenden Kapiteln des Buches entwickelt worden: Jedes Unternehmen ist ein Unikat, eine einzigartige Ansammlung von Menschen, die in einer unverwechselbaren Weise miteinander in Beziehung stehen. Um also die geistigen Kapazitäten, die neuronale Vernetzung gemäß der pragmatischen Metapher des kommunizierenden Geistes zu aktivieren, muss jedes Unternehmen sein eigenes Verfahren finden. Alle denkbaren Verfahren werden gewisse gleichartige strukturelle Prinzipien aufweisen, wie zum Beispiel die Strategie eines Stichprobenverfahrens, um eine möglichst systematische Verteilung der unterschiedlichen Perspektiven zu garantieren. In der sozial- und wirtschaftswissenschaftlichen Forschung würde diese systematische Verteilung an bestimmten Vorgaben festgemacht, nach denen „Sample-Points" bestimmt werden.

Sample-Points nennt man die wesentlichen Messpunkte einer Topografie, die so geschickt angeordnet sind, dass sie eine ausreichende Qualifikation der Landschaft ergeben. Wenn diese Messpunkte klug gesetzt sind, erleichtern sie die Planung, wie bei der Vorbereitung einer Wanderschaft durch hügeliges oder gebirgiges Terrain, die man auf der Karte antizipiert, eben weil die Messpunkte der Höhen Steigungen und Gefälle angemessen wiedergeben. Der Begriff der „Landschaften" wird, weil das Bild so eingängig ist, sehr oft auch im übertragenen, auch im wirtschaftlichen Sinne gebraucht als das Bild einer ausgedehnten Alltagskultur, in der ein Unternehmen sich seine Wege sucht, gestaltend, nachvollziehend, wie immer – auf jeden Fall aber den Messpunkten folgend, anhand derer sich Aktivitäten planen lassen. Diese Messpunkte sind die alltagskulturellen Ausdrucksaktivitäten und Bedürfnisse von Menschen. Man fasst sie bekanntlich in Milieus, Schichten, Zielgruppen zusammen, die durch eine jeweils repräsentative Zahl in einer dem Anlass entsprechenden Logik sortiert sind. Für die Aufgabe der geistigen Arbeit im Unternehmen gilt im Prinzip die gleiche Logik: Es sollen möglichst repräsentativ die Perspektiven abgebildet werden, die im Unternehmen bestehen – wobei nun gleichzeitig dabei auch noch die Beziehungen zur Unternehmenswelt einbezogen werden. Wie viele solcher Punkte bestimmt werden müssen, hängt von der Fragestellung ab und wird, wie bekannt, in einem bewährten statistischen Verfahren berechnet. Im Unterschied zum schönen Bild der Berg- und Hügelwelten aber unterliegen die Landschaften der Alltagskulturen ständigen Veränderungen, weil die Metapher zwar trefflich einen Zustand beschreibt, in einer Unschärferelation dieser Zustand gleichzeitig aber nur die augenblickliche Ausdrucksform in einem sich stetig vollziehenden Veränderungsprozess darstellt. Der Zustand ist also nur die Momentaufnahme eines sich entwickelnden Prozesses. Vier Verfahren sind es, die modellhaft angewendet werden können, um ein solches „Mapping" zu erreichen, ohne damit gleichzeitig durch eine systematische Verzerrung schon bestimmte inhaltliche Schwerpunkte zu erzeugen.

Das erste wäre die Konstruktion eines „Random Samples", das heißt: Zufallsauswahl. Es gilt die Voraussetzung, dass alle Personen der Grundgesamtheit (hier: das Unternehmen) dieselbe Chance haben müssen, in eine zuvor in ihrer Größe errechnete Stichprobe integriert werden zu können. Man nutzt normalerweise eine Lostrommel für dieses Verfahren.

Ein zweites Verfahren ist das geschichtete Sample, in dem bestimmte Kriterien der Vorauswahl verschiedener Cluster der Grundgesamtheit gelten. In diesen Clustern wird dann eine Zufallsauswahl betrieben.

Im Quota-Sample wird, drittens, die Grundgesamtheit nach berechenbaren Faktoren geordnet und eine prozentual analoge Auswahl an Personen vollzogen.

Schließlich arbeitet die Sozialforschung gelegentlich mit typografischen Samples, indem Personen ausgewählt werden, die bestimmte Eigenschaften vieler anderer Personen repräsentieren.

Da nun ein Unternehmen kein Forschungsinstitut ist, das sich selbst zum Gegenstand nimmt, können diese Verfahren nur als Inspirationen gelten. Man wird in der Regel auf ein sich selbst rekrutierendes Sample zurückgreifen, also auf Personen, die Interesse zeigen, sich an bestimmten Prozessen zu beteiligen. Die systematische Verzerrung ist offensichtlich, aber nicht zu umgehen: Man wird nur mit ambitionierten Leuten zusammenkommen. Für alle Aktivitäten dieser Art gilt aber, dass sie auf eine gewisse Dauer angelegt sein sollen, also ein „Panel" realisieren. Ein ausgewogenes Sample ist also in diesem Falle ein Ergebnis der Motivation durch die Führung. Schließlich muss man auf die ebenfalls bereits skizzierte Voraussetzung zurückkommen, dass – wie in jeder Forschung – eine klar formulierte und allen Beteiligten einsichtige Fragestellung ausgegeben oder gemeinsam entwickelt wird. Sie ist das Stimulans, das den korporativen Geist weckt, indem die individuellen Geister motiviert werden, sich gemeinsam mit dieser Frage auseinanderzusetzen. Die Herausforderung wäre also (und ist es), Sample-Points zu finden, die an mehreren Messzeitpunkten registriert werden und die in dieser Registratur die Veränderungen unter bestimmten Gesichtspunkten offenbaren, gleichzeitig diese Messpunkte nicht im Vorhinein festzulegen, sondern in der Wirklichkeit zu identifizieren, sie nicht zu eng zu definieren, weil sich im Prozess ihrer Selbstfindung ja das bislang ungeahnte geistige Potenzial des Unternehmens zu erkennen geben soll – eine sehr schwierige Aufgabe, aber eine sehr reizvolle. Ich will eine Möglichkeit, diesen Prozess in Gang zu setzen, an einem kleinen Beispiel illustrieren.

In den Engagements bei mehreren Medien in den 90er Jahren hatte ich die Gelegenheit, eine solche Methode einmal in Ansätzen auszuprobieren und sie dann zu einem Managementprinzip (nicht -system) fortzuentwickeln. Damals ging alles noch ein wenig gemächlicher zu. Die Partner, für die ich in verschiedenen Aufgabenbereichen als Konzeptmanager tätig war, zeigten sich methodologischen Abenteuern aufgeschlossen, um die alten Fragen noch einmal neu zu stellen und vielleicht mit innovativen Methoden zu differenzierteren Antworten zu kommen, und eine dieser Fragen war die nach den (unerforschten) Motiven der Spontankäufer eines Nachrichtenmagazins. Diese lassen sich deshalb nicht einfach befragen, weil man sie nicht wie Abonnenten identifizieren kann, und bei einer dem Heft beigegebenen Befragung lässt sich die Grundgesamtheit nicht bestimmen. Das aber wäre nötig, um zu wissen, ob die Ergebnisse repräsentativ sind. Also entstand die Idee, die Spontankäufer in freier Wildbahn zu erwischen, auf Marketingdeutsch: am Point of Sale. Diese Points of Sale sind ja schon vorsortierte Sample-Points, Markierungen in der Landschaft der Zeitschriftenverkäufe. Aber nun ging es um die Personen, die kaufen, und natürlich um die Gründe warum. So kam die Idee auf, dass die Redakteure, Volontäre, freien Mitarbeiter, Praktikanten und Verwaltungsangestellten diese Punkte jeweils in ihren gesellschaftlichen Umfeldern identifizierten und die Personen erst einmal beobachteten und dann ansprachen, um sie in ein Gespräch zu verwickeln, gleichzeitig Gespräche in ihren Bekanntenkreisen führten. Auf diese Weise sollte das, was in den „Zähl-Services" der Datenbestände in statistischen Befunden verfügbar war, mit weiterem Leben erfüllt werden.

Es ist ein sehr aufwändiges Verfahren und erfordert engagierte und geschulte Mitarbeiterinnen und Mitarbeiter. Es erfordert die grenzüberschreitende Teilung von Kompetenzen, denn Marktforschung ist ja nun einmal das Hoheitsgebiet der einschlägigen Abteilung, meist mit dem Kürzel MaFo etikettiert.

Andererseits lässt sich durch diese Vernetzung der zwangsläufig sachkundigen Personen ein wachsendes Unbehagen aus der Welt schaffen: das sich zunehmend verdichtende Gefühl, dass sich hinter den Milliarden von Befunden, die in Jahrzehnten von Media-, Markt- und Werbewirkungsanalysen aufgehäuft wurden, hinter all den Tabellen, Figuren, Diagrammen, Charts, Tableaus und Kurven weit mehr verberge, als sie vordergründig offenbaren. Denn immer deutlicher drängen sich die Fragen in den Vordergrund, ob man mit dem Blick auf die Charts und Bildschirme nicht das Leben verpasst – das Leben derer, die das Ziel des Marketings sind (vom eigenen reden wir jetzt einmal nicht). Ob man nicht getäuscht wird von den wunderbar zweidimensionalen Signifikanzen, betrogen gar, um eine plastische, eine dreidimensionale Wirklichkeit. Immer wieder dominiert eine Frage: Wir haben zwar alle Informationen, aber was bedeuten sie? Wer ist unser Leser?

Aus dem Projekt entwickelte sich eine interessante Gesprächskultur, die jedem Einzelnen das Gefühl gab, die Kompetenz des Unternehmens zu erhöhen, in diesem Falle die Recherchetiefe und die Kontextualität der Beiträge im Wirtschaftsmagazin kundeorientiert auszubauen, weil alle jederzeit in dieses Projekt der Erfassung der Wirklichkeit einbezogen waren. Die Sondierung dessen, was dabei herauskam, vollzog sich in den Ressorts. Mit der Zeit aber entwickelten sich Recherchepraktiken, die die Belange der jeweils anderen Ressorts mit einbezogen und eine weitaus größeren Beziehung zur Wirklichkeit besaßen als vorher.

Neuromorphe Netzwerke:
Aktivierte Hirnareale des Unternehmensgeistes

Dieses Prinzip der Sample-Points nutzt das gesamte Weltwissen der Mitarbeiterinnen und Mitarbeiter in der Vernetzung mit anderen Mitarbeitern und indem das Prinzip der Gespräche in den Mittagsmenü-Restaurants zu einem Teil der Unternehmenskultur erhoben wird.

In der „Mitarbeiter-Serie" ist aber auch ein gravierendes Problem deutlich geworden: das Problem von Zentrum und Peripherie. In den meisten Unternehmen herrscht das hierarchische System, das Ordnung im Entscheidungsgefüge und Verantwortlichkeiten schafft, auch auf allen anderen Gebieten, so zum Beispiel auf dem Gebiet der intellektuellen Auseinandersetzung mit den äußeren Herausforderungen. Das Zentrum ist die Führung. Von ihr aus und von ihrer Weltsicht – allenfalls differenziert durch die Berater – ist alles andere in konzentrischen Kreisen um den Pol angeordnet.

Alle anderen Punkte werden in Abhängigkeit von diesem Zentrum definiert. Das ist für die strategischen und operativen Entscheidungsprozesse plausibel. Doch die aktivierbare Vernetztheit als Umsetzung der pragmatischen Metapher vom Geist setzt auf die kommunikative Gleichberechtigung. Hätte man ein bildgebendes Verfahren für die mentalen Aktivitäten, dann würde sichtbar, wie bei der Formulierung einer Fragestellung an ganz unterschiedlichen Stellen in der Organisation der Geist aktiv wird. Kämen diese neuronalen Punkte nun zusammen, ergäbe sich ein Prozess der geistigen Verarbeitung des Impulses. In den entsprechenden Seminaren, deren Thema die innere Unternehmenskommunikation war, haben wir nach einem Begriff gesucht, der diese offene Struktur und eine möglichst bildhafte Idee von dieser Vernetzung kennzeichnen könnte und der gleichzeitig die pragmatische Metapher aufgreift, die eingangs zugrunde gelegt worden ist. Da die Studierenden schon sehr früh in ihrem Studium der Verführung von schmissigen Anglizismen erlegen sind und nichts gegen Anglizismen spricht, wenn sie ihren Gegenstand präzise begreifen, kam dies dabei raus: Neuromorphic Interaction Network (NIN). Eine Kommunikation, die der Gestaltung der neuronalen Vernetzungen im Gehirn nachgebildet ist, so wie das Neuromorphic Engineering das Gehirn als Modell für die Konstruktion eines intelligenten Computers nimmt. Diese Begriffe beschreiben nichts anderes als die Tatsache, dass jede Veränderung, die ein Element eines Zusammenhanges vornimmt, alle anderen Elemente dieses Zusammenhangs betrifft. Neuromorphic Interaction Network war natürlich nur eine spielerische Bezeichnung. Ihre Funktion lag darin, die Ausdruckskraft der an die Neurowissenschaften angrenzenden Sozial- und Wirtschaftswissenschaft ein wenig anzupassen. Man sieht, auch diese Dinge lassen sich in heftige Anglizismen bringen, wenn man ihre Bedeutung für die Managementstrategien betonen möchte.

Es wäre also ein System denkbar, das diese Sample-Points sichtbar macht, die bei bestimmten Teil-Fragen aktiviert werden. Sie sind darauf vorbereitet, weil sie durch die generellen Fragen, die alle im Unternehmen beschäftigen, in den kontinuierlichen Prozess der geistigen Arbeit einbezogen sind. Für die Darstellung dieser Aktivierung gibt es mittlerweile bereits computerisierte Fassungen, die man sich als eine Art erweitertes System des Soziogramms vorstellen muss. Wenn eine bestimmte Frage auftaucht, wird sich – sagen wir – eine mittlere Managerin mit ihren engeren Vertrauten besprechen. Diese engeren Vertrauten (denen sie einen Vertrauensvorschuss gewährt, ganz einfach weil sie deren Kompetenz voraussetzt) beschäftigen sich mit dem Problem als fachliche Kräfte mit konkreten Spezialfragen aus konkreten Perspektiven. Niemals aber können sie die unterschwelligen Erfahrungen ausschalten, durch die sie im Alltag ihres nicht beruflich gebundenen Lebens geprägt worden sind und weiterhin geprägt werden, ebenso wenig wie die Erfahrungen, die sie durch die Kontakte mit anderen Bereichen im eigenen Unternehmen gesammelt haben (entweder durch gemeinsame Projekte oder die sehr häufigen persönlichen Kontakte). Das heißt, dass immer virtuelle Gesprächspartner anwesend sind, ob man das nun will oder nicht.

Man sollte es aber wollen, weil durch dieses selbstverständliche und sich selber rekrutierende Kommunikationssystem die Basis der Ideenfindung verbreitert werden kann. Meist wird diese Verbreiterung mit der Redewendung eingeleitet, dass man „da jemanden kennt", der oder die sicher etwas zum Thema beitragen könne. Dies zu systematisieren, erfordert nur die Bereitschaft, alle im Unternehmen tätigen Personen als Träger dieser mehrdimensionalen Kompetenz als fachliche Kraft, Mitglied des Unternehmens und als lebensweltlich eingebundenen Bürger und Marktteilnehmer zu erkennen. Diese individuelle „Reziprozität der Perspektiven" und gleichzeitig die „neuronalen Vernetzungen" unterschiedlicher Geister, die sich in unterschiedlichen Arealen des Unternehmens bewegen, können nun auf verschiedene Weise sichtbar gemacht werden. So schieben sich bislang unerkannte Cluster von Personen, die sich mit bestimmten Themen der Zielgruppen oder der Absatzmärkte beschäftigt haben, auf dem Bildschirm nach vorn, sortieren ihre eigene Peripherie sowie die Beziehungen zu angrenzenden Themenbereichen und Kommunikations-Cluster. Die *Brasserie*, *Da Franco* und der *Mandarin* verlieren ihre territoriale Bedeutung. Bis dahin virtuelle Areale werden sichtbar.

Die Sample-Points-Struktur aktiviert geistige Areale, deren Funktion je nach Thema wechselt. In der Kommunikationsforschung benennt man diese Tatsache, dass zu unterschiedlichen Fragen verschiedene Personen zu zeitlich begrenzten Kompetenzträgern werden, mit einem alten Begriff aus der Wahlforschung: Opinion Leading. Würde man nun alle Personen im Unternehmen (selbstverständlich mit ihrer Einwilligung) nach ihren Interessen und fachlichen Kompetenzen, nach ihren Berührungspunkten mit der Unternehmensumwelt und den konkreten Erfahrungen in Unternehmen in einem systematisch sortierten Set von Parametern identifizieren, ließe sich eine automatische Landkarte mit Pfaden zu diesen Personen entwickeln. Gewissermaßen auf Knopfdruck wären alle Interessenten an einem bestimmten globalen Thema sichtbar, so dass sich eine multilaterale, höchst diversifizierte Konferenz zusammensetzen ließe.

Ich erspare mir die Gegenargumente – es sind datenrechtliche und thematische, denn es wird entscheidend sein, wer für die Aktualisierung der unterschiedlichen Kompetenzbiotope zuständig ist (wer, um es zu präzisieren, das System der Sample-Points schafft, die sich in der Folge je nach Fragestellung selber aktivieren). Ich erspare mir die vielfältigen Gegenargumente, die auf emotionale Barrieren und die Angst vor Bespitzelung anspielen, und das sicher oft nicht zu Unrecht. Aber hier geht es jetzt um die möglichst breite Vernetzung der Nervenzellen, die auf bestimmte Impulse hin aktiv werden und ohne zentralistische Steuerung neuartige Gedanken formulieren und sich auf diese Weise als „Geist" der sie umgebenden Umwelt anpassen, gleichzeitig diese Umwelt auch entsprechend gestalten.

Nun kommt eine wichtige Einschränkung: Ein Element dieser Metapher ist nur ansatzweise zu übertragen – die Funktionsweise des Gehirns ohne eine steuernde Zentralinstanz ist in einem Unternehmen nicht vollständig abzubilden. Der Versuch von Führungskräften allerdings, jegliche Kommunikation im Unternehmen zu steuern und gleichzeitig systematisch die Richtung der thematischen Orientierung zu bestimmen, dazu alle Bemühungen aufzuwenden, ungeschriebene Gesetze sichtbar zu machen, verhindert die „Befeuerung" des neuronalen Systems der gebündelten Unternehmensintelligenz.

Mehr noch: Das hier zur Erläuterung benutzte Beispiel eines konkreten Problems kann nur eine Art von Nießnutz eines kontinuierlichen, integrativen und partizipativen Kommunikationsprozesses sein, der die Belange des Unternehmens aus den geschilderten Perspektiven jedes und jeder Einzelnen beständig im Blick hat und bei Bedarf bereit ist, auch in kleinen Runden diesen Erfahrungshintergrund in die Lösung von Problemen einzubringen. Nichts anderes verlangen ja, formal meist, die Personalverantwortlichen, wenn sie ihren künftigen High Potentials empfehlen, Praktika in allerlei unterschiedlichen Bereichen zu absolvieren und vielleicht auch einmal ein, zwei Monate in einer sozialen Einrichtung zu verbringen. Irritierend ist dann im Alltag nur die geradezu verbissene Bemühung, den Nachwuchsmanagerinnen und -managern ihre fantasievolle Diversität wieder abzugewöhnen, um sie zu bürokratisch angepassten Funktionären der Passepartout-Lösungen des Unternehmens beziehungsweise seiner Berater zu drillen.

Noch einmal zusammengefasst: Wo die Sicherheit von Konzepten, Regelwerken und Managementmoden ausgedient hat, kann eine neue Sicherheit nur in einer Vertrauensorganisation entstehen, die Mitarbeiter in zwei Rollen einbindet: Sie repräsentieren „live" bestimmte Zugänge zu einer Alltagswirklichkeit, verkörpern gleichzeitig Positionen an verschiedenen Punkten eines Unternehmens. Die systematische Nutzung dieser mehrfachen Qualifikation synchronisiert die individuellen Beiträge zu einer bestimmten Fragestellung, die im Nachhinein durch Zahlen geprüft und dann durch angemessene Begriffe definiert werden kann. Vor allem eines wird in einer solchen Organisation des Geistes deutlich werden: welche Talente das Unternehmen besitzt, die entwicklungsfähig sind, kreativ und bereit, jenseits der verhärteten Konzepte den Mut zu innovativer Arbeit zu fassen. Nach allem, was die neuere Forschung zur Personalentwicklung vermittelt, entsteht auf diese Weise ein attraktives Feld, von dem sich die geistig bewegliche Elite von morgen angesprochen fühlt. Talent wird auf diese Weise mehr und mehr zu einem Begriff, der aus dem Zusammenwirken der Geister entsteht und der kollektiv erwirtschaftete Wettbewerbsvorteil ist.

Unterhaltsame Geistesspiele: Einzigartige Lösungen statt Best Practices

Die Vorstellung von einem bildgebendem Verfahren zur Identifikation der intellektuellen Potenziale mag auf den ersten Blick befremdlich wirken. Aber gerade in dieser Irritation zeigt sich eine bezeichnende Verkehrung der Prioritäten: Man gibt eher beträchtliche Summen für ein sehr begrenzt gültiges fMRI aus als für die Identifizierung der verbreiteten Kompetenzen im Unternehmen. Abgesehen davon, wäre eine solche Aktion Zeichen einer höchst modernen und avantgardistischen „Meinungsforschung". Erste und vielversprechende Ansätze zu einem solchen System sind realisiert und ermutigen zu optimistischen Prognosen über zukünftige Forschungen. Nur zwei Beispiele: Bertolt Meyer schreibt bei meinem Kollegen Wolfgang Scholl am Institut für Organisations- und Sozialpsychologie der Berliner Humboldt-Universität eine Dissertation, in der ein „Assoziations-Strukturtest (AST) zur Wissensdiagnose" entwickelt worden ist. „Mit diesem computerbasierten Verfahren kann man das explizite Wissen sowie dessen Netzwerkorganisation einer Person in einem bestimmten Bereich erfassen. Es wird dabei der Frage nachgegangen, ob die Qualität der Netzwerkorganisationen Aussagen in Bezug auf zukünftige kognitive Leistungen zulässt." In beeindruckenden „bildgebenden" Verfahren tauchen auf dem Computerbildschirm nach der Eingabe bestimmter Schwerpunktthemen Personen-Netzwerke auf, die nicht durch ihre Positionen in der Hierarchie, durch Standorte oder andere formale Kriterien charakterisiert sind, sondern durch ihre Nähe zum Thema.

Peter Bossaerts, auf dessen Arbeit ich in Kapitel 4 schon kurz hingewiesen habe, betreibt mit einer Reihe von Kollegen am Caltech Laboratory For Experimental Finance (kurz: CLEF) ein großflächiges, computergestütztes Feldexperiment. Die Idee ist einfach: Da bislang in Laborexperimenten nur wenige und bei den berühmten fMRI-Untersuchungen nur einzelne Personen in ihren Entscheidungen untersucht wurden, konstruiert CLEF eine virtuelle

Gemeinschaft, die auf einem realistischen Finanzmarkt mit realem Geld handelt. Eine Software mit dem Namen jMarkets ermöglicht die wirklichkeitsnahe Simulation. Das Experiment ist für weitere Forschergruppen und andere Fragen offen. In dieses soziologisch ausgerichtete Feldexperiment können die Ergebnisse der fMRI problemlos integriert werden.

Die in den letzten Abschnitten beschriebene Idee der Sample-Point-Konstruktion im Unternehmen geht einen Schritt über das Feldlaboratorium hinaus (das übrigens in ähnlicher Form schon von manchen Unternehmen zusammen mit Kunden realisiert worden ist): Hier sind es nun Mitarbeiter und Mitarbeiterinnen als Repräsentanten der wirklichen Welt, die das Weltwissen des Unternehmens kontinuierlich adjustieren. Sicher kostet die Realisierung einiges, aber das ist das geringste Problem. Viel gravierender ist die Veränderung der Mentalitäten, um Mitarbeiter zur Partizipation zu bewegen und Führungskräfte zum Verzicht auf hierarchische Ansprüche. Was immer man tut, muss auf möglichst breiter Grundlage stehen, mit den strategischen und operativen Systemen in Einklang zu bringen sein und auf vertrauensvoller Grundlage geschehen.

Um die Fragen zu generieren, um die sich die geistigen Aktivitäten drehen, sind unterschiedliche Möglichkeiten denkbar: etwa das Verfahren der Delphi-Erhebung, in der sich die Fragen methodisch im Vollzug der mehrfachen und sich immer weiter zuspitzenden Befragung selber pointieren. Meine Erfahrungen mit derartigen Projekten sind sehr unterschiedlich: Positiv verläuft eine solche kaskadenförmige Befragung immer dann, wenn im Sinne eines Random-Samples jeder Gelegenheit hat, an den konkreten Fragen zu arbeiten, wenn es Rückmeldungen in die Belegschaft gibt, wenn gelegentliche „parlamentarische" Verhandlungen über den Ergebnisstand anberaumt werden. Dazu aber müssen die klassischen Bahnen der Gestaltung von Tagungen und Konferenzen verlassen werden. Negativ verlaufen diese Projekte entweder dann, wenn sie als Kontrolle empfunden werden oder wenn sie keine Konsequenzen haben und die Ergebnisse nicht allen Beteiligten zugänglich gemacht werden. Das wäre zum Beispiel auf einer Konferenz denkbar.

In den Planspielen, die Studenten in höheren Semestern zum Beleg ihrer Tauglichkeit für die harte Realität des Managements entwerfen, taucht zum Beispiel immer wieder das bereits angedeutete Motiv der „anderen" Managementkonferenz auf, der „andersartigen" Tagung, der innovativen Grand-Meetings zu Jahrestagen und Kunden-Events. Bei den Kontakten, die diese jungen Aspiranten auf die künftigen Führungspositionen geschlossen haben, sind sie auf eine Menge innovativer Ideen gestoßen – und alle verwarfen die übliche Dramaturgie. Gleichzeitig machten sie aber auch die bereits skizzierte Erfahrung, dass am Ende in der Realisierungsphase die innovativen Ideen bröckelten, dass die Andersartigkeit Stück für Stück erodierte und schließlich das Übliche herauskam: Tagung mit Statement des Vorstandes und Best-Practice-Vorträgen und einem Guru, dem Zauberkünstler, Medienstar oder Stimmenimitator am Abend.

Das Problem, das sich immer wieder in den Vordergrund drängte und für Unruhe sorgte, ist die mangelnde Planbarkeit andersartiger Aktivitäten (abgesehen davon, dass in der Tat ein großer Teil der Belegschaft lieber einen Fernsehstar oder einen aus den Medien bekannten Guru erlebt, als sich intellektuell stimulieren zu lassen). So laufen die Veranstaltungen schließlich nach vorbestimmtem Muster ab und sind trotz ihrer Unterhaltsamkeit nichts als Routine, Déja vue. Es ist nichts gegen Sprachimitatoren zu sagen, schon gar nichts gegen Zauberkünstler, die 20 Euro-Scheine signieren lassen, um sie anschließend zu vernichten und dann wenig später unversehrt aus verschlossenen Behältnissen wieder hervorzuholen.

Doch manchmal geht es, es gibt die „andere Management-Konferenz", auch wenn sie aufwändig ist, intellektuell und räumlich, und sogar von den Teilnehmerinnen und Teilnehmern den mentalen Bruch mit Tagungs-Konventionen fordert. Von einer Veranstaltung höre ich heute noch oft, wenn ich anlässlich von

Vorträgen oder Podiumsdiskussionen Teilnehmer eines Riesen-Events wiedertreffe, das ein großer Energieversorger inszenierte. Wie reizvoll das damals war, wie anders, wie ertragreich! Der Grund war ganz einfach: Die Kolleginnen und Kollegen, die dieses Event geplant hatten, die es einmal ganz anders machen wollten, hatten mit der Idee der offenen Kommunikation ihre Führung begeistert.

Was sie wollten, war bei einem dieser Mittagessen entstanden. Was sie wollten, war Offenheit, Diskussionsmöglichkeit – aber nicht nach dem Muster des Durcheinanders einer Open-Space-Dynamik. Sie wollten diese offene Kommunikation, gleichzeitig aber kontrollierbare Rahmenbedingungen. Das Ziel war, dass sich die Mitarbeiterinnen und Mitarbeiter nicht in den üblichen Gruppen ihrer Mittags-Tischgesellschaften oder der Abteilungshierarchien zusammenrotteten, sondern nach ganz anderen Gesichtspunkten, die eine Durchmischung der verschiedenen Subkulturen des Unternehmens förderten. So entstand die Idee von Themenarealen, die sich eher nach persönlichen Interessen richteten. Man richtete kulinarische Inseln ein, Caféterien, Mineralwasserzonen, Havanna-Lounge, dann aber auch Besprechungszentren, und so fort: *Mandarin*, *Da Franco*, *Brasserie*, *George V.*, offen für alle.

Diese Zonen waren in unterschiedlichen Farben gekennzeichnet, sie waren gemütlich und anregend und so gestaltet, dass man sich ihnen von mehreren Seiten flanierend nähern konnte und man über das gemeinsame Interesse an der Thematik ins Gespräch kam. Wesentlich für das Gelingen dieses Experiments war die Entscheidung der Vorgesetzten, auf die Routine zu verzichten. Nicht die Vorträge waren das Hauptprogramm, sondern die Pausen nach den Impulsen durch die Vorträge, jeweils mindestens eine Stunde zwischen maximal zwei Vorträgen oder einer längeren Diskussionsrunde. Insgesamt erinnerte die Inszenierung an einen Club, aber im Unterschied zu den Zirkeln der sektoralen Intelligenz an einen Club mit offenem Zugang. Ich weiß nun nicht, wie und ob die Erträge der Gespräche in der Tagungslandschaft im Foyer dieser

Veranstaltung archiviert, ob und wie sie in Unternehmenspolitik umgesetzt und weiter behandelt worden sind, ob überdauernde Fragestellungen entstanden sind. Natürlich können auch weitläufige Fragestellungen vorgegeben werden, die die Mitarbeiterschaft insgesamt zu einer dauerhaften geistigen Auseinandersetzung mit der Zukunft des Unternehmens motivieren.

Es gibt auch dafür kein Konzept, kein Best Practice, es gibt nur unterhaltsame Beispiele, die man selber einmal testen kann, wie die Idee der Corporate Question of the Year. Die Idee ist nicht originär, aber einfach zu originell, um sie ungestohlen zu lassen. Ich entwende sie dem Wissenschaftlernetzwerk „Edge". In diesem Zirkel werden bemerkenswerte Arbeiten publiziert, launige Diskussionen geführt, das alles in einer kollegialen Atmosphäre. Diese Atmosphäre erlaubt es, sich auch kritisch miteinander zu beschäftigen, ohne dass dahinter irgendwelche Motive der Selbstdarstellung – oder gar Herabsetzung – vermutet werden könnten. Edge, der Webauftritt einer Initiative mit dem Namen „Third Culture", ist eine Kongregation des Vertrauens, in der ein Ziel herrscht: den Markt für naturwissenschaftliche Literatur auf eine Weise zu erweitern, mit der die neuesten Erkenntnisse auch dem Laien zugänglich gemacht werden können. Damit stellt man sich einer literarischen Herausforderung. Auf der Website finden sich die Protokolle von Diskussionen, Rezensionen, Interviews, sogar Grüße aus dem Urlaub. Es war nahe liegend, einmal die Frage zu stellen, mit welchen Fragen sich weltbekannte Wissenschaftler denn so im Urlaub beschäftigen, wenn sie am Strand liegen oder im Gebirge herumturnen (oder was sie so denken, wenn sie im Krankenhaus liegen, wie der Philosoph Daniel C. Dennett).

Diese Neugier führte dann dazu, eine Reihe von Fragen zu bündeln (oder eine auszuwählen) und daraus eine Frage des Jahres zu küren. Einige Beispiele: Was ist die wichtigste Erfindung der letzten 2000 Jahre? Welches ist die wichtigste vergessene Geschichte heute? Was glauben Sie, ohne es beweisen zu können? Welche Idee halten Sie für die gefährlichste? Welchen Grund haben Sie, optimistisch zu sein? In den Antworten entsteht eine faszinierende Einsicht in das Denken und die Arbeit, in die Pläne und die Fantasien von Psychologen, Neurowissenschaftlern, Künstlern, Soziobiologen, Mathematikern, Linguisten, Astrophysikern und Wissenschaftsjournalisten. Das unterhaltsame Charakteristikum dieser Sammlung resultiert aus dem unverkrampften Umgang mit den jeweiligen Fragen – die Autoren antworten nicht nur aus ihrer Position als Wissenschaftler (oder Unternehmer in einschlägigen Branchen), sondern auch ihrer privaten Sicht. Die Autorinnen und Autoren sind ja ebenfalls nicht nur Wissenschaftler, sondern gleichzeitig Mütter, Töchter, Väter und Söhne, Bewohner von Städten oder Dörfern, Autofahrer und also normale Menschen, also Konsumenten, die Ansichtskarten aus den von ihnen gewählten Urlaubsorten schreiben und in Restaurants essen gehen.

Das Ergebnis ist die Querschnittsanalyse der von Sample-Points der Naturwissenschaften zusammengetragenen Ideen zu einer zentralen Frage. Daraus sind wunderbare Bücher entstanden. Ein Gegenargument ist schnell bei der Hand: Mitarbeiter sind keine Bestsellerautorinnen und -autoren, die forschen und Nobelpreise kassieren. Doch die unausgesprochene Einschränkung ist unsinnig. Für die Fragen, die in Unternehmen gestellt werden können, sind sie genau die richtigen Adressaten: Was ist die gefährlichste Entwicklung auf dem Markt für uns? Wie sieht das Unternehmen in zehn Jahren aus? Welche Entwicklungen der Vergangenheit sind zu wenig beachtet worden? Was erleben sie, wenn sie in ihrer Nachbarschaft, in ihrer Stammkneipe, in der Verwandtschaft über das Unternehmen sprechen? Daraus können wunderbare Berichte entstehen. Geistvolle Berichte. Offene Bilanzen der Kreativität und Fantasie, des Vermögens, das, um nun wieder in die Sprache der Business-Intelligenz zu wechseln, durch das Humankapital zustande kommt: Teil des Intellektuellen Kapitals im Unternehmen.

Schluss

Intellektuelles Kapital:
Lebendiger Geist als Wettbewerbsvorteil

Geist, so stand am Anfang, sei ein Wort für ganz besondere Gelegenheiten, das mit weihevoller Gebärde aus seinem Glanzpapier
gepackt werde, wenn Lobreden auf Ausnahmepersönlichkeiten zu
halten und Lebensleistungen zu würdigen seien. Geist erscheine in
diesen Porträts als die Haltung eines intelligenten und gebildeten
Menschen, der sich auf der Grundlage von Lebenserfahrung und
Weltgewandtheit in den grammatischen und semantischen Finessen
der Sprachspiele zur Realitätsbewältigung zu bewegen weiß,
die hohe Kunst einer tiefgründigen Mitteilung beherrscht und
gleichzeitig zuhören kann. Die Festgemeinschaft finde, so war die
Formulierung weiter, sich an elegante Diskurse in Salons und Caféhäusern erinnert, voll von Esprit und Dialektik, geistesgegenwärtiger Rhetorik und überraschenden Ideen. Zum Schluss erhebe
der Laudator die gepriesene Person zum lebenden Beispiel: Es
gelte ihr nachzueifern. Wenn nun das Publikum zufrieden den
Applaus spendete und dabei dächte: So ist es. Da machen wir mit.
Gerne, engagiert und vertrauensvoll. Denn es stimmt ja doch, wir
gehören auch zu diesem Geist, den das Unternehmen darstellt.
Wenn dies die Reaktion wäre, dann herrschte im Unternehmen der
Geist, der in diesem Buch beschworen wird, als allseitige und
kontinuierliche Selbstverständigung des offenen Systems, in dem
die Entscheidungen in hierarchiebefreiter Kommunikation vorbereitet werden.

Vielleicht ist es an dieser Stelle dann angebracht, das Konzept der pragmatischen Metapher mit den strategischen und operativen Konzepten der Business-Intelligence zu fusionieren. Der Begriff dafür ist längst im Umlauf, wird allerdings durch seine Reduktion auf Kennzahlen um wesentliche Potenziale gebracht: Intellectual Capital. Ich beziehe mich noch einmal auf eine der von mir betreuten Dissertationen der letzten Zeit, die sich mit der bildungstheoretischen und wirtschaftlichen Bedeutung der Begriffe „Humankapital" und „Intellectual Capital" beschäftigte. Ich erlaube mir, einige Zitierungen, die der Autor Klaus Soyka in dieser Arbeit benutzt hat, hier erneut zu zitieren. Von besonderem definitorischen Wert ist dabei die folgende Textstelle des Wirtschaftswissenschaftlers Armin Töpfer: „Zu den humanzentrierten Vermögenswerten gehört insbesondere das im Unternehmen verfügbare Humankapital, also die Qualifikationen, das Engagement, die Erfahrung, das Know-how und die Problemlösungskompetenz von Mitarbeitern und Führungskräften. Die Marktvermögenswerte bestehen aus dem Kundenkapital in Form von Zufriedenheit und Bindung der Kunden sowie aus der externen Struktur im Sinne eines Partnering mit anderen Wertschöpfungspartnern innerhalb eines über die Grenzen des Unternehmens hinausgehenden Netzwerkes. Infrastrukturvermögenswerte umfassen sowohl marktbezogene immaterielle Vermögenswerte als auch durch Urheberrechte geschützte Vermögenswerte, verbrieftes intangibles Eigentum sowie schützbare immaterielle Vermögenswerte, wie Wissensdatenbanken und persönliche Netzwerke." Der ehemalige Skandia-Vorstand („Director of Intellectual Capital") Leif Edvinsson und Gisela Brüning, beide Pioniere auf dem Gebiet der Bilanzierung immaterieller Vermögenswerte, schreiben: „Das Intellectual Capital umfasst den wertschöpfenden Anteil der immateriellen Ressourcen im Unternehmen und enthält insbesondere das erfolgskritische Wissen, das die Wettbewerbsfähigkeit eines Unternehmens sichert." Stewart gelangt in einer weiteren Definition des Intellectual Capitals über die rein numerische Addition verschiedener Kategorien hinaus, wenn er Interdependenzen zwischen den von ihm definierten drei

Argumentationssträngen konstatiert: „Der entscheidende Punkt ist, dass Intellectual Capital nicht als zählbare Anhäufung von Humankapital, Strukturellem Kapital und Kundenkapital zu verstehen ist, sondern aus dem Wechselspiel der drei Elemente untereinander entsteht." Und weiter: „Wenn Humankapital in Form von ausgefuchsten Mitarbeitern und Strukturelles Kapital in Form einer Technologie, die den Stand der Technik repräsentiert, nicht mit dem Kundenkapital interagieren, dann ist die Pleite vorprogrammiert. Intellectual Capital bringt keinen Nutzen, wenn es sich nicht bewegt. Ein kluges Köpfchen, das allein im Zimmer sitzt, nützt niemandem. Und genau an dieser Stelle müssen wir anfangen: bei den Menschen."

Verantwortlich für diese Aktivierung sind Führungspersönlichkeiten mit dem Geschick, sich in einem Gespräch auch den Kompetenzen der Mitarbeiter zu beugen. Führung besteht in diesem Sinne nicht aus einer Befehlskette, die durch bürokratische Hierarchien abgesichert ist, sondern aus der Fähigkeit zur Mobilisierung der geistigen Kapazitäten anderer. Das Wort „Talent" gewinnt nun eine neue, differenzierte Bedeutung: Es ist gleichzeitig die Vokabel für individuelle Fähigkeiten und die Vokabel für die Summe dessen, was aus der gemeinschaftlichen geistigen Wertschöpfung aller Beteiligten entsteht. Aufgabe der Personalpolitik ist also, kompetente Führungspersönlichkeiten zu finden oder zu entwickeln („Talente"), die dieses Ergebnis („Talent") zu erzeugen imstande sind. Um diese Personen wird sich ein neuer „War for Talents" entspinnen. Der Grund liegt aber nicht nur in der geistigen Aufrüstung des Unternehmens, sondern auch in der Sicherung einer ganz neuen Verantwortung von Unternehmen für sich selbst und die Grundlagen des Wirtschaftens. Es ist eine Verantwortung, die sich auf drei miteinander verflochtenen Feldern abspielt: im Unternehmen, in der unmittelbaren Umgebung, in der das Unternehmen steht, in der Welt, die als Umgebung dieser Umgebung wahrgenommen wird. Die große geistige Aufgabe besteht darin, die Sphären der betriebswirtschaftlichen Notwendigkeit – Erhöhung der Wertschöpfungsbeiträge durch jeden Beschäftigten – mit den beschriebenen neuen geistigen Anforderungen zu kombinieren.

Fähig dazu sind wir alle. Aber wir sind, wie sich auch zeigt, jederzeit gern bereit, vordergründigen Plausibilitäten den Vorzug zu geben und die Erfüllung kennzahlbestimmter Renditevorgaben in metaphorisch gesetzten Zeitabschnitten in streng hierarchisch gegliederter Vollzugslogik zum Gradmesser des Erfolgs zu bestimmen. Die sektorale Intelligenz bietet eine wunderbare Nische der Bequemlichkeit, auch das muss einmal gesagt werden. Wer die Zahlen hat, hat die Wirklichkeit.

Solange es funktioniert!

Und das ist nach allen Erfahrungen nicht sehr lange.

Das große Projekt des Geistes im Unternehmen hingegen kann langfristig wirken, Motivation erzeugen und Kompetenzen sichtbar machen – vielleicht auch entwickeln. Es ist eines der größten Weiterbildungsprogramme, die vorstellbar sind. Diese geistige Arbeit beginnt mit der ersten kleinen Frage eines großen Vorstands an einen Mitarbeiter, und es kann eine ganz einfache Frage sein: „Wie sehen Sie das?" In dieser Kommunikation einfaltet sich der Geist, der weit mehr ist als alles, was die beiden denken, solange sie alleine sind oder sich nur in den Milieus bewegen, in denen alle so denken wie sie selbst. Eine kleine Frage am Anfang. So einfach ist das.

If you have any concerns about our products,
you can contact us on
ProductSafety@springernature.com

In case Publisher is established outside the EU,
the EU authorized representative is:
**Springer Nature Customer Service Center GmbH
Europaplatz 3, 69115 Heidelberg, Germany**

Printed by Libri Plureos GmbH
in Hamburg, Germany